U0315034

辽宁科技大学学术著作出版基金资助

激光拼焊
焊缝预成型技术

陈 东　解学科　著

北　京

冶 金 工 业 出 版 社

2021

内 容 提 要

激光拼焊是指采用激光能源，将若干不同材质、不同厚度、不同涂层的钢板进行拼合和焊接的工艺方法，"焊缝预成型技术"是指激光拼焊前，为减小焊前间隙，提高焊前钢板对接质量而设计的各种针对性的技术和方法。本书系统介绍了挤压预成型方法、碾压预成型技术、在线精刨技术、动态工艺补偿方法、填丝焊预成型技术等多种焊缝预成型技术，详细讲解了上述技术的基本原理、支撑设备和操作方法等相关内容，该技术可为激光拼焊工艺设计提供依据。

本书可为从事激光拼焊技术相关领域的企业技术人员、高校师生及研究人员提供参考。

图书在版编目（CIP）数据

激光拼焊焊缝预成型技术/陈东，解学科著 . —北京：冶金工业出版社，2021. 8

ISBN 978-7-5024-8908-3

Ⅰ. ①激…　Ⅱ. ①陈…　②解…　Ⅲ. ①激光焊—拼焊—焊缝—成型　Ⅳ. ①TG441. 2

中国版本图书馆 CIP 数据核字（2021）第 174559 号

出 版 人　苏长永
地　　　址　北京市东城区嵩祝院北巷 39 号　邮编　100009　电话　(010)64027926
网　　　址　www.cnmip.com.cn　电子信箱　yjcbs@ cnmip. com. cn
责任编辑　夏小雪　美术编辑　吕欣童　版式设计　郑小利
责任校对　郑　娟　责任印制　李玉山
ISBN 978-7-5024-8908-3
冶金工业出版社出版发行；各地新华书店经销；三河市双峰印刷装订有限公司印刷
2021 年 8 月第 1 版，2021 年 8 月第 1 次印刷
710mm×1000mm　1/16；9.75 印张；159 千字；146 页
60. 00 元

冶金工业出版社　投稿电话　(010)64027932　投稿信箱　tougao@ cnmip. com. cn
冶金工业出版社营销中心　电话　(010)64044283　传真　(010)64027893
冶金工业出版社天猫旗舰店　yjgycbs. tmall. com
（本书如有印装质量问题，本社营销中心负责退换）

前　言

　　激光拼焊是指将几块不同厚度（或不同材质、不同涂层）的钢板在冲压成型前用激光对焊在一起，然后再进行成型的技术，激光拼焊技术广泛应用在汽车白车身制造上。传统车身制造中，在强度要求较低的部位仍然使用同一厚度的钢板，增加了车身重量。采用不等厚板激光拼焊技术以后，焊接中可以按照强度需求合理分配钢板厚度，保证了对重要位置的强化，实现了车身重量的降低。

　　激光拼焊技术与传统焊接技术相比，在焊接精度、效率、可靠性、自动化等各方面都具有无可比拟的优越性，但由于激光的熔化范围有限，因此对焊接前钢板间的对接间隙有严格限制，过大的间隙将导致漏光及熔化金属量不足，引发焊缝凹陷、咬边、焊缝不一致等缺陷，可见间隙是激光拼焊中亟待解决的关键问题。激光拼焊属于全自动大批量生产，焊接前需要自动完成钢板端面的精确对接，对接中不可避免地会产生间隙，本书所述的"焊缝预成型技术"是指激光焊接前，为减小焊前间隙，提高焊前钢板对接质量而设计的各种针对性的技术和方法。

　　虽然我国的激光拼焊技术近些年有了一定的发展，但和国外发达国家相比，国产激光拼焊板的质量和激光拼焊成套装备的技术水平还存在较大差距。目前国内对激光焊接技术的研究较多，而对激光拼焊装备及其关键技术的研究较少，中科院沈阳自动化研究所（SIA）在激光拼焊成套装备研发、缺陷检测和智能控制等方面进行了大量的研究，并成功研制出国内首条全自动激光拼焊生产线，该生产线目前在宝钢现场正常运行。

　　本书详细论述了挤压预成型方法、碾压预成型技术、在线精刨技术、动态工艺补偿方法、填丝焊预成型技术等多种焊缝预成型技术，上述技术可以为激光拼焊工艺设计提供依据。本书通过对焊缝预成型技术的研究，提高了焊前成型质量，增强了对焊中成型的控制，对于提高焊缝质量起到了较大作用。

本书主要由辽宁科技大学陈东撰写。另外，在撰写过程中，得到了沈阳自动化研究所赵明扬研究员团队的大力支持，部分章节得到了鞍山市信息工程学校解学科老师的协助，在此表示衷心的感谢！

由于作者水平所限，书中难免有疏漏和不妥之处，诚恳欢迎广大读者给予批评、指正。

作　者

2021 年 4 月

目　　录

1 概　　述

1.1　激光焊接技术

激光焊接是常用的激光加工方法之一，它利用激光单色性好、方向性好、强度高的特点，瞬间对材料进行微小区域内的局部加热，将材料熔化后形成特定形状的熔池，从而实现焊接的目的。由于激光光束的能量密度大且释放迅速，因此激光焊接具有效率高、变形小、热损伤小、无磨损和稳定工作时间长的优点，而且激光焊接可直接在空气中进行，可以实现对绝缘材料和异种材料的焊接。激光焊接的不足体现在激光器及其相关系统的成本较高以及对工件的定位夹紧精度和激光束运动精度要求高。目前在焊接领域中，激光焊接约占 20%。

1.1.1　热导焊和深熔焊

根据焊接熔池形成机理，激光焊接可分为两种基本模式：热导焊和深熔焊（见图 1-1）。当焊接所用激光功率密度较低（$10^5 \sim 10^6 \, \mathrm{W/cm^2}$）时，工件吸收的激光能量仅能使工件表面熔化，然后热量以热传导方式向工件内部传递，形成宽而浅的熔池，这种焊接模式称为热导焊。而当激光功率密度较高（$10^6 \sim 10^7 \, \mathrm{W/cm^2}$）时，工件吸收激光能量后迅速熔化乃至气化，在蒸气压力作用下熔化的金属下凹形成小孔，小孔随着激光束的深入不断延伸，直至小孔内的蒸气压力与液体金属的表面张力和重力平衡为止，这种焊接模式称为深熔焊。当激光束沿焊接方向移动时，小孔前方熔化的金属绕过小孔流向后方，凝固后形成焊缝。深熔焊可获得大熔深、大深宽比焊缝，在机械制造领域，除了那些薄小零件之外，一般应选用激光深熔焊。

在激光深熔焊过程中，金属表面和小孔中喷出的金属蒸气和保护气体在激光作用下发生电离，从而在小孔内部和上方形成等离子体。等离子体对激

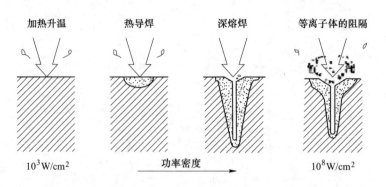

图 1-1　激光能量与焊接模式

光有吸收、折射和散射作用，因此一般来说熔池上方的等离子体会削弱到达工件的激光能量，并影响光束的聚焦效果、对焊接不利，通常可采用侧吹辅助气体来驱除或削弱等离子体的影响。小孔的形成和等离子体效应，使焊接过程中伴随着具有特征的声、光和电，研究它们与焊接规范及焊缝质量之间的关系，并利用这些特征信号对激光焊接过程及质量进行监控，具有十分重要的理论意义和实用价值。

1.1.2　激光器

激光器的发展尤其是大功率工业激光器的研究进展是激光焊接技术发展的前提。爱因斯坦于 1917 年就已经提出了受激发射的基础理论，但真正具有应用价值的激光器的出现却滞后了几十年。1960 年，第一台红宝石激光器出现；1983 年，1kW CO_2 气体激光器首次上市；1990 年，出现了 10kW CO_2 气体激光器；1993 年，1kW Nd:YAG 固体激光器首次上市；1994 年，2kW Nd:YAG 固体激光器上市；1995 年，3kW Nd:YAG 固体激光器上市，同年出现30kW CO_2 气体激光器。近年来，不断有不同类型的大功率激光器上市。目前在焊接领域能实用的 CO_2 气体激光器的最大功率约为 45kW，固体激光器约为10kW。2004 年 SPI 公司成功研制出 1.36kW 连续光纤激光器，目前输出功率已经达到 10 万瓦级，光纤激光器具有优异的综合性能（见表 1-1），在未来焊接领域将会在很大程度上替代传统激光器。

激光器按照激活介质的种类划分可以分为：固体激光器、气体激光器、液体激光器和半导体激光器。

表 1-1 典型激光器性能参数比较

类型	激光介质	波长 /nm	光束传输	输出功率 /kW	光束质量 /mm·mrad	能量效率 /%
CO_2 激光器	混合气体	10600	镜片	45	25	10
灯泵浦 Nd:YAG	晶体棒	1060	光纤	4	12	3
激光泵浦 Nd:YAG	晶体棒	1060	光纤	6	12	10
光纤激光器	光纤	1070	光纤	100	5	20

固体激光器一般采用光激励，能量转化环节多，光激励能量大部分转化为热能，所以效率低。为了避免固体介质，多采用脉冲工作方式，并采用合适的冷却装置。固体常用的工作物质有红宝石（合成红宝石）、钕（nǚ）玻璃和掺钕钇铝石榴石。

固体激光器（见图 1-2）包括工作物质、光泵、玻璃管、滤光液、冷却水、聚光器及谐振腔等部分。当激光物质受到光泵（激励脉冲氙（xiān）灯）的激发后，吸收具有特定波长的光，在一定条件下可导致工作物质中的亚稳态粒子数大于低能级粒子数，即产生粒子数反转。此时，一旦有少量激发粒子产生受激辐射跃迁，就会造成光放大，再通过谐振腔内的全反射镜和部分反射镜的反馈作用产生震荡，最后由谐振腔的一端输出激光。

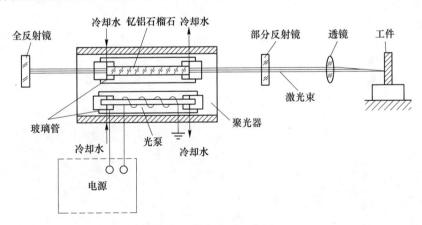

图 1-2 固体激光器工作原理

气体激光器一般直接采用电激励，因其效率高、寿命长、连续输出功率大，可达数千瓦，所以广泛用于切割、焊接、热处理等加工。常用于材料加工的气体激光器有二氧化碳激光器、氩离子激光器。

气体激光器（见图 1-3）由放电管内的激活气体、一对反射镜构成的谐振腔和激励源等 3 个主要部分组成。在适当放电条件下，利用电子碰撞激发和能量转移激发等，气体粒子有选择性地被激发到某高能级上，从而形成与某低能级间的粒子数反转，产生受激发射跃迁。

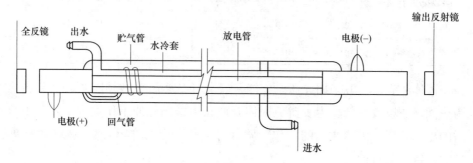

图 1-3 气体激光器工作原理

液体激光器（见图 1-4）也称染料激光器，因为这类激光器的激活物质是某些有机染料溶解在乙醇、甲醇或水等液体中形成的溶液。为了激发它们发射出激光，一般采用高速闪光灯作激光源，或者由其他激光器发出很短的光脉冲。液体激光器发出的激光对于光谱分析、激光化学和其他科学研究，具有重要的意义。

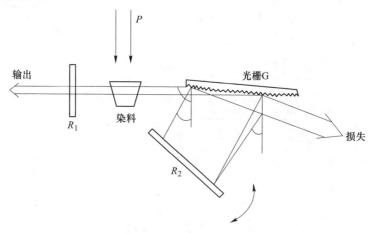

图 1-4 液体（染料）激光器工作原理

半导体激光器（见图 1-5）又称激光二极管，是用半导体材料作为工作物质的激光器。其具有效率高、体积小、重量轻且价格低等特点。常用工作物质有砷化镓（GaAs）、硫化镉（CdS）、磷化铟（InP）、硫化锌（ZnS）等。

图 1-5　半导体激光器

激光焊接技术经历了由脉冲波向连续波的发展，由有限功率薄板焊接向大功率厚件焊接发展，由单工作台、单工件向多工作台、多工件同时焊接发展，以及由简单焊缝形状向可控的复杂焊缝形状发展。近年来，随着激光焊接技术和弧焊技术的发展，尤其是激光功率和电流控制技术的提高，激光-电弧复合焊得到了较快的发展，该方法将激光和电弧两种热源的优点集中起来，弥补了单热源焊接工艺的不足，发展前景广阔。另外，激光焊接机器人及便携式激光焊接机也是未来激光焊接技术的重要发展方向。

1.2　激光拼焊技术

1.2.1　激光拼焊技术的产生背景

汽车工业在国民经济中具有举足轻重的地位，是现代经济增长的主导产业和支柱产业之一，对国民经济增长有着巨大的拉动作用。当前，人们对汽车的轻量化、节能减排、安全性和舒适性等方面的要求越来越高，激光拼焊技术就是基于这一背景产生的。

激光拼焊板是不同厚度、不同材料、不同涂层钢板的高质量组合体，可以满足零部件对材料性能的不同要求，用最优结构和最佳性能实现装备轻量化。激光拼焊板经过冲压等工序后成为汽车的部件，目前广泛应用在汽车车身制造上，具有如下优点：

（1）采用激光拼焊板是降低白车身重量，实现低碳排放的有效途径之一。传统车身采用统一厚度的钢板制造，虽然可以满足整体的强度需求，但由于在强度要求较低的部位仍然使用同一厚度的钢板，增加了车身重量。采用激光拼焊技术解决了该问题，使钢板厚度按强度需求合理分布，保证了对重要位置的强化，同时降低了车身重量，实现了等强度设计。

（2）提高了材料利用率，降低了制作成本。在激光拼焊板中，通过采用小尺寸板材拼焊，避免了使用大尺寸板材冲孔，极大地提高了材料利用率，同时带来了生产设备和制造工艺的简化，提高了生产效率，降低了整车制造及装配成本。

（3）提高了车身的性能。采用激光拼焊板后，由于不再需要加强板，也没有搭接接缝，提高了装配件的抗腐蚀性能。通过对材料厚度以及质量的严格筛选，在材料强度和抗冲击性方面给汽车零部件带来了本质的飞跃，同时改良了结构，提高了车身被动安全性、质量稳定性及结构可靠性。20世纪90年代，德国、瑞典、美国、日本等各大汽车生产厂开始在车身制造中大规模使用激光拼焊技术，目前该项技术已经在全球新型钢制车身设计和制造上获得了广泛的应用。

激光拼焊技术与传统焊接技术相比，在焊接精度、效率、可靠性、自动化等各方面都具有无可比拟的优越性，其应用领域非常广泛，不仅在汽车工业中用于焊接难度较大的薄板合金等各种类型的材料，在家电板材焊接、轧钢线钢板焊接（连续轧制中的钢板连接）等领域都大量使用，激光拼焊技术使钢铁产品得以延伸和拓展。

虽然我国的激光拼焊技术近几年有了长足的发展，但和国外发达国家相比，国产激光拼焊板的质量和激光拼焊成套装备的技术水平还存在一定差距，对于拼焊工艺、质量检测以及焊缝成型等技术的认识还不够深入。随着我国汽车制造产业的迅猛发展，国内对激光拼焊板和激光拼焊设备的需求逐年递增，最近两年更是以80%的速度增长，这些都为激光拼焊的研究与开发提供了广阔的空间。

1.2.2　激光拼焊技术介绍

激光拼焊是指采用激光能源，将几块不同材质、不同厚度、不同涂层的钢板进行拼合和焊接的工艺方法。激光拼焊板在汽车车身制造上得到了广泛应用，对于减轻汽车重量、减少材料消耗、减少加工工序、降低生产成本、实现等强度设计等都具有十分重要的作用。激光拼焊的主要工艺流程有：开卷→校直→落料→堆垛→激光焊接→打浅坑（可选）→堆垛包装等。激光拼焊板技术的采用，极大简化了生产设备和制造工艺，传统的白车身制造流程以及使用激光拼焊板的白车身制造流程见图1-6。

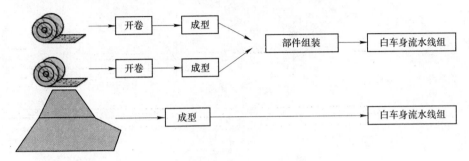

图1-6 白车身生产制造流程

激光拼焊技术主要是为汽车行业进行配套服务，在车身零部件生产、制造和设计方面，拼焊板的使用有着巨大优势。20世纪80年代中期，德国蒂森钢铁公司通过拼焊2张1600mm×1950mm×0.7mm的等厚冷轧钢板，在Audi100车身上成功采用了全球第一块激光拼焊板轿车底板。20世纪90年代，德国、瑞典、美国、日本的各大汽车生产厂开始在车身制造中大规模使用激光拼焊板，近年来该项技术在全球新型钢制车身设计和制造上获得了日益广泛的应用。通用、福特、奔驰、宝马、菲亚特、丰田等各大汽车生产厂相继在车身中采用了激光拼焊板。

目前，使用激光拼焊板生产的汽车零部件主要有前后车门内板，前、后纵梁，侧围，底板，车门内侧的A、B、C立柱，轮罩，尾门内板等（见图1-7）。世界轻质钢制车身协会（ULSAB）的最新研究结果表明：最新型的钢制车身结构中，50%采用了激光拼焊板。

1.2.2.1 激光拼焊板的分类

近年来随着激光拼焊技术的发展和产品工艺要求的不断提高，出现了多种不同焊缝形式（见图1-8），包括单直线焊缝、多直线焊缝、平面折线焊缝以及平面曲线焊缝，平面折线焊缝和平面曲线焊缝统称为非线性焊缝。

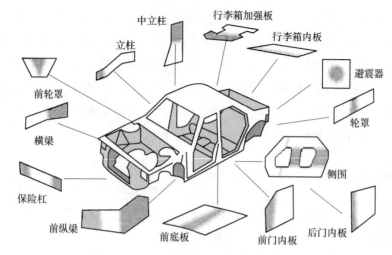

图 1-7　激光拼焊板在轿车白车身上的应用

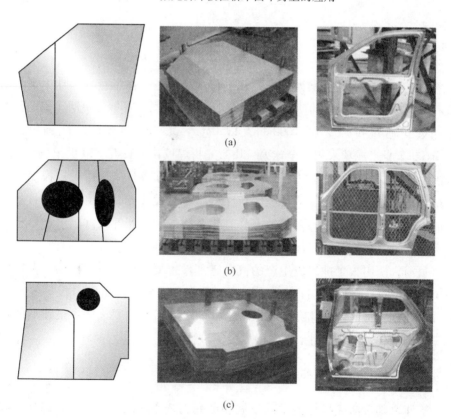

图 1-8　激光拼焊板分类

（a）单直线焊缝拼焊板；（b）多直线焊缝拼焊板；（c）非线性焊缝拼焊板

非线性拼焊板在减轻车身重量上有着明显优势，可大幅减轻车身重量和提高车身强度，此外由于设计参数灵活可调，经过优化设计的非线性拼焊板可以比普通拼焊板获得更好的结构性能和冲压成型性能。由于上述优点，近年来德国 ThyssenKrupp 公司、瑞士 Soudronic 公司、美国 Noble 国际/TWI 公司、美国 VIL 公司、加拿大 Servo-Robot 公司等国外企业先后展开了对非线性激光拼焊的研究，并推出了非线性激光拼焊装备，可以说非线性激光拼焊代表了激光拼焊技术的未来发展方向。

非线性拼焊板具备比直线拼焊板更多的优势，但是研制非线性拼焊设备也有着更多的技术难题，除了非线性焊缝板材定位夹紧困难以外，非线性拼焊对曲线焊缝的实时精确跟踪和补偿要求更高，沿焊缝不同位置上焊接工艺参数的控制更加复杂。

1.2.2.2　国外激光拼焊板技术的应用

国外激光拼焊板技术已进入商品化阶段，工艺手段日趋成熟，代表了低碳、环保和节省汽车制造生产成本的发展趋势。由美国政府出面组织的三大汽车公司旨在降低轿车自重、节能降耗、减少排放的 "PNGV" 计划筛选出的65 项关键技术中包括拼焊板技术 12 项。据工业发达国家统计，目前平均每辆轿车使用 3 件拼焊板，而且对激光拼焊板的需求日益增加，因而各国投入大量资金建设拼焊板生产线。西方工业化国家已经形成了拼焊板领域的新兴产业，由专门成立的专业化公司向汽车厂提供各种拼焊板。激光拼焊板的主要供应商为欧洲的 Thyssen（蒂森），其产量约占欧洲市场份额的一半。美国最大的两家拼焊板供应商是底特律的 UBWT 公司和密执安州的 TWB 公司。

在亚洲，日本的激光拼焊技术发展最快，其拼焊板一般由汽车制造商自己生产、自己使用，如丰田公司、日产公司等。韩国汽车工业虽然起步较晚，但也意识到了这一巨大的应用市场，韩国浦项扩大 Gwangyang 工厂激光拼焊板的产能，以帮助他们提高在国内外汽车板市场的竞争力，产能扩大后，他们的汽车拼焊板产能将达到 450 万吨。

目前全球已有激光拼焊生产线 100 余条（台），年生产能力约 7000 万件，据市场预测认为今后 5 年间，全球汽车行业采用 TWB 的市场需求规模将以年均 50% 以上的高速度增长。另外，国外一些大的汽车集团还制定了有关激光拼焊的技术标准，更加完善了这项新技术。

1.2.2.3　国内激光拼焊板技术的应用

我国的激光拼焊板技术应用刚刚起步，2002 年 10 月 25 日，武汉蒂森克虏伯中人激光拼焊有限公司引进蒂森克虏伯公司生产的 8kW CO_2 直线连续激光焊接生产线，采用蒂森克虏伯拼焊板公司的全套专有技术和质量控制体系进行生产和工艺开发，该生产线最小工件间距为 50mm，焊接速度可达 10m/min，年生产能力可达 20000t，该公司目前已为国内各大汽车生产企业提供配套服务。上海宝钢阿赛洛激光拼焊工程的一期工程已经正式投产，生产国内最高品质的汽车激光拼焊板，工程总投资 1 亿美元，由宝钢股份、宝钢国际、上海大众联合发展公司和阿赛洛集团 ARBED 公司联合投资组建。一汽宝友股份有限公司于 2004 年 7 月引进了两条由瑞士 Soudonic 公司生产的全自动激光拼焊线，目前已实现批量生产。当前，国内对激光拼焊板的需求量迅速上升，帕萨特、POLO、别克、奥迪和 Mazda 等高品质合资品牌都已采用激光拼焊板，而国内汽车厂商如大众公司、通用公司、奇瑞公司、吉利公司等也已经或者计划采用该项技术。

1.2.2.4　国内对激光拼焊技术的研究

目前国内的一些大学和研究单位已经对激光拼焊的相关技术展开了研究，在定位夹紧方法、焊缝质量检测、焊接工艺等领域取得了一定的进展，但对于大型成套激光拼焊生产线的研究还很少，主要原因是初期的相关投入太高。

华中科技大学激光技术国家重点实验室是较早开展激光焊接技术研究的单位之一，该实验室是 1986 年国家批准建立的对国内外开放的国家级实验室，主要研究方向是高功率激光器及激光与物质相互作用。目前，在 CO_2 激光器、多联齿轮激光焊接、发动机缸套外壁热处理和硬质合金与碳素钢激光焊接等领域已经取得实用的成果。

在 HOWO 重卡研发生产中，中国重汽卡车公司与蒂森克虏伯公司联合开发了应用于重卡车的超宽板材，成功地解决了大尺寸驾驶室开发生产用料难题，首创国内重型车车身板材激光拼焊技术。

攀钢钢铁研究院与华中科技大学合作开展了"攀钢冷轧钢板激光拼焊及其应用技术研究"项目，其研究成果在东风汽车公司进行了试验，取得了较好的试验结果，开启了国内首次冷轧激光拼焊板冲压汽车零件的试验成功先例。

上海光机所等单位在激光技术方面做了大量工作，其主要研究成果有：以"神光"为代表的系列激光薄膜、全固态激光器薄膜、软 X 射线膜、紫外膜、滤光片、红外膜、He-Ne 激光薄膜、强光防护片以及透明导电膜等，并且对薄膜的设计方法、制备工艺与光学薄膜的微观结构、损伤机理、光学特性的关系等基础问题进行了大量的实验探索和深入的理论分析。

作为世界制造焊接大国，我国的激光焊接中心数量明显不足，在激光焊接系统的可靠性、稳定性以及整体化、智能化、自动化水平等方面与国外还有一定差距，尤其是自动化生产线的技术水平更是相距甚远，因此有必要大力推进、推广激光产业，以带动传统产业的改造和发展。

1.2.3　激光拼焊装备

1.2.3.1　国外的主要激光拼焊装备供应商

国外开发激光拼焊成套设备的公司主要集中在欧洲和北美，亚洲主要集中在日本和韩国。表 1-2 为国外激光拼焊生产线概况。

表 1-2　国外激光拼焊生产线概况

厂　商	技术支持	激光器	接边预处理形式
Soudronic	Procoil（Michigan） ATB（Netherlands） Cockerill（Belgium） Voest Alpine（Austria） Ferolene（Brasil） Tailor Metal（Spain） Tailor Steel（Belgium）	CO_2 Nd:YAG	碾压 （Souka）
Nothelfer （Thyssen Conti）	Thyssen Krupp Stahl TWB Galvasud	CO_2	落料 精剪
Noble Industries（Formerly Utilase, Merged with Acelor Mittal）		CO_2	落料 精剪

厂　商	技术支持	激光器	接边预处理形式
VIL	MakAuto Ohio Welded Blank Jefferson Blanking LWB Ltd. (UK) Honda (Ohio and Canada) Daewoo (Korea)	CO_2 Nd:YAG	精剪
Automated Welding Systems (AWS)	Medina Olympic Laser Processing Ohio Welded Blanks Eko Stahl (German)	Nd:YAG	落料
Toyota	Toyota (Japan) Tailor Steel (Belgium) Tailor Steel (USA)	CO_2	落料
Honda	Honda of America (Ohio) Honda (Japan)	Nd:YAG	精剪

其他：日本的 IHI、小矢部精工株式会社、H&F 等

下面简要介绍国外两家在技术上有代表性公司的激光拼焊设备及产品。

A　Soudronic 公司

瑞士的 Soudronic 公司在拼焊设备技术与市场上处于全球领先地位，在该领域拥有多项专利技术。主要包括 SOULAS 直线焊缝激光拼焊设备、SOUTRAC 曲线焊缝激光拼焊系统、SOUVIS 可视化焊接质量监控系统等（见图 1-9）。Soudronic 与阿赛洛集团（Arcelor）合作，在世界各地建立的激光拼焊生产线现已超过 80 条，其产品占欧洲市场的份额超过 50%，国内目前有 4 条激光拼焊线为该公司的产品。

SOULAS 是激光直线拼焊系统，它具有加工过程稳定、废品率低和焊接速度高等特点。与其他同类生产线相比，SOULAS 的激光拼焊生产线拥有独特的技术优势：（1）简单的 SOUKA 碾压缝隙闭合系统；（2）可控边缘探测/激光定位系统；（3）集成焊缝质量检验 Souvis® 5000 Sensing Technology。凭借

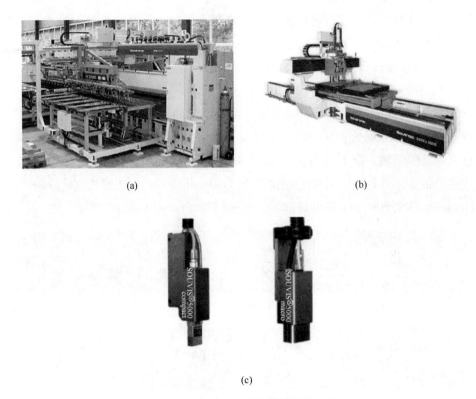

图 1-9　Soudronic 激光拼焊相关产品

（a）SOULAS；（b）SOUTRAC；（c）SOUVIS 5000

SOULAS 焊接系统，Soudronic Automotive 已经在汽车领域确定了它作为世界第一激光焊接系统供应商的地位。

　　SOUTRAC 激光焊接系统是专门为曲线拼焊板和复杂直线拼焊板生产而开发的，可焊接从 0.6~3.0mm 的不同厚度钢板，系统配有全面管理系统、质量保证系统 SOUVIS® 5000、实时监控摄像机和电脑控制的填充焊丝进给装置，因此能够提供特别高的焊接质量。

　　SOUVIS 可视化焊接质量监控系统是目前工业化激光焊接领域最可靠和最先进的缝隙/焊缝跟踪、质量控制和过程监控系统。开发 SOUVIS 这种实时缝隙监控系统的原因是努力使被焊接的拼板间的缝隙尽可能小，安装在激光头前方的摄像机可近距离监控缝隙的宽度和精确位置，从而使移动的激光头和细焊丝进料系统总能够精确地动作。Soudronic Automotive 利用 SOUVIS 5000 系统开发了一种新的质量控制系统，该系统整合了焊缝轮廓分析和表面同质性检查（可同时获取二维灰色度图像和三维激光三角测量图像）两项功能，分辨率达到 0.01mm，检测速度高达 30m/min，因此 SOUVIS 5000 可以在焊缝里检测到任何缺陷，诸如多孔性或针孔等。

　　B　ThyssenKrupp 公司

蒂森克虏伯集团（ThyssenKrupp）是由德国的蒂森两家大型钢铁公司于 1999 年 3 月合并而成，其产品范围涉及钢铁、汽车技术、机器制造、工程设计及贸易等领域。旗下的钢铁公司 ThyssenKrupp tailored blanks 负责生产激光焊接产品（见图 1-10），主要包括拼焊板（tailored blanks）、工程板（engineered blanks）、热成型板（hotform blanks）、带钢拼焊（tailored strips）等。

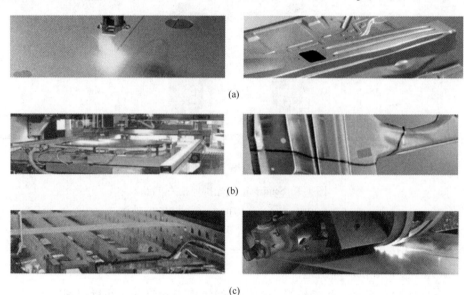

(a)

(b)

(c)

图 1-10　蒂森克虏伯的激光焊接产品
(a) 拼焊板；(b) 工程板；(c) 热成型板

　　早在 1985 年，德国蒂森钢铁公司与德国大众汽车公司合作，在 Audi100 车身上成功采用了全球第一块激光拼焊板。Nothelfer 是蒂森克虏伯的子公司，是激光拼焊设备的专业研发企业，蒂森克虏伯的汽车拼焊板配送中心均采用其设备。武汉蒂森克虏伯中人激光拼焊板公司和蒂森克虏伯鞍钢中瑞（长春）激光拼焊板有限公司（TKAZ）是该公司在国内组建的两家大型激光拼焊板生产基地，其设备见图 1-11。

　　Tailored blanks（拼焊板）以线性拼焊为主，根据局部的需要充分利用材

图 1-11 Nothelfer 公司的激光拼焊线

料的性能和厚度，使零部件的结构和防碰撞性能达到最佳化。Thyssen 采用 CO_2 激光器可实现厚度 0.6~3.0mm 板材的拼焊，焊后焊缝宽度约为 1mm。

Engineered blanks（工程板）的焊缝主要为非线性焊缝。考虑到激光波长和操作灵活性，Thyessen 在 engineered blanks 焊接中采用固体激光器，由于焊缝的形状可以自由变化，由更厚或更强材质构成的部分可以达到最佳化，使得设计人员对汽车零部件有更新的解决方案。Engineered blanks 的优点是能在零件重量、强度、撞击性能以及材料利用率上达到最佳化。

Hotform blanks（热成型板）主要用于生产超高强钢拼焊板。为了生产超高强钢，ThyssenKrupp 的板材 MBW® 1500 首先被加热到 880~950℃ 以获得良好的成型能力，在热成型工艺过程中实现钢材表面镀铝硅层，板材热成型后为生成超硬的微观组织，然后再以 30K/s 的速度迅速冷却，Hotform blanks 的零件强度可达 1500MPa，这是依靠传统的工艺无法获得的。而铝硅镀层可能导致焊缝强度的降低，为此在焊接过程中利用固体激光振荡去除焊缝表面约 1.5mm 宽度的镀层，这样不仅增加了焊缝强度，同时也不影响热成型能力。该技术以很低的成本获得了极高的强度，Audi 是该项技术的第一个用户。

C 国外开发激光拼焊成套装备的其他公司

除上述两家公司外，国外还有很多激光拼焊设备生产厂商，例如：美国 NOBEL 公司、美国 VIL 公司、加拿大 AWS 公司、日本 IHI 公司、小矢部精机、R/D 公司、H&F 公司等（见图 1-12）。

图 1-12　国外其他激光拼焊设备生产厂商

（a）NOBEL；（b）VIL；（c）IHI；（d）小矢部；（e）H&F

1.2.3.2　国内引进的激光拼焊设备

目前，国内拼焊板市场蓬勃发展、潜力巨大，激光拼焊板需求量迅速上升，合资和国产车型如帕萨特、别克、奥迪、Polo、雅阁、中华、奇瑞、吉利等都开始采用激光拼焊板。表 1-3 给出了国内激光拼焊生产线的应用概况。

表 1-3　国内已引进的激光拼焊生产线

序号	企业名称	投资厂商	主要产品	厂址
1	武汉蒂森克虏伯 中人激光拼焊有限公司	武汉中人瑞众、 蒂森克虏伯	车门内板、驾驶室顶盖顶	武汉
2	宝钢阿赛洛激光 拼焊有限公司	宝钢集团、上海大众、 阿赛洛	车门内板、底板、侧围板、纵梁	上海
3	长春一汽 宝友钢材加工配送公司	宝钢国际、一汽集团、 日本住友	车门内板、底板、纵梁	长春
4	蒂森克虏伯鞍钢中瑞 （长春）激光拼焊板有限公司	鞍钢集团、武汉中人瑞众、 蒂森克虏伯	车门内板、商务车顶盖板	长春
5	广州花都 宝井汽车钢材配送有限公司	宝钢集团、日本三井物产	车门内板等	广州
6	北京现代海斯克有限公司	韩国海斯克公司	车门内板等	北京
7	广州本田汽车有限公司	广州本田	车门内板等	广州
8	南京宝钢 住商金属制品有限公司	日本住友、宝钢集团	车门内板、引擎盖板等	南京

1.2.3.3　我国自主研发的激光拼焊装备

面对中国汽车业对先进制造技术的发展需求，沈阳自动化研究所基于引进消化后再创新的发展战略，于 2006 年 9 月与 IHI 合作开发了全自动激光拼焊生产线（见图 1-13），设备采用精剪下料和挤压成型方法，其最大焊接长度为 1.65m，最大焊接速度 10m/min，该设备已经具备工业生产能力，目前已在

图 1-13　沈阳自动化研究所研发的激光拼焊生产线

南京宝住现场进行批量生产，产品数量已经超过 100 万件，设备运行平稳，产品质量稳定。

　　总之，激光拼焊设备在国外已经颇具规模，研究成果众多，但多数处于保密或专利保护之中，给国内的应用和研究带来一定困难，因此通过引进国外的先进设备，进而进行消化吸收，结合我们在自动化装备方面的研发经验，研发具有自主知识产权的新型激光拼焊设备势在必行。

1.3　焊缝预成型技术

　　由于激光的光斑直径很小，且激光拼焊板对焊缝质量的要求比较严格，为保证焊缝质量需对焊缝成型过程进行深入研究。本书将焊缝成型过程分为焊前成型（焊缝预成型）、焊中成型和焊后成型三个阶段。

　　本书所说的焊缝预成型阶段就是焊前成型阶段，"焊缝预成型技术"是指激光焊接前，为减小焊前间隙，提高焊前钢板对接质量（焊前成型质量）而设计的各种针对性技术或方法。

1.3.1　焊缝成型过程

　　焊缝成型过程详解见图 1-14。

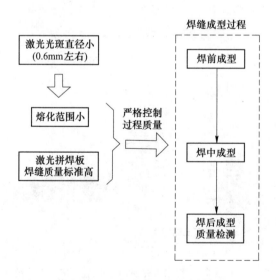

图 1-14　焊缝成型过程详解

1.3.1.1　焊前成型

焊前成型是控制料片变形、接边形貌和接边间的位置关系，以形成合格的焊前对接焊缝的过程。良好的焊前成型质量是保证激光拼焊焊缝质量的前提和基础。本书依据激光拼焊焊缝质量标准，并考虑激光光斑直径的影响，提出了对焊前成型的质量要求，从表 1-4 中可以看出，间隙是焊前成型过程中的主要问题。

表 1-4　焊前成型质量要求

序号	焊前焊缝要求	示意图	参数标准	影响因素
1	间隙Ⅰ		最大间隙小于薄板厚度的 0.08 倍	接边直线度，定位误差，机构变形
2	间隙Ⅱ（X 形接头）光亮带撕裂带尺寸毛刺（大小、形状）		α 小于 5°，光亮带>撕裂带，毛刺小于薄板厚度的 0.1 倍	下料方法，焊缝成型方法
3	间隙Ⅲ（V 形开口）		不允许	定位失误，夹紧力不足，焊接应力
4	错配+间隙Ⅱ		错配量小于薄板厚度的 0.1 倍	料片变形，机构变形，夹紧方式
5	其他	平整度（料片波浪弯曲、料片翘曲等）		

1.3.1.2　焊中成型

焊中成型是在焊接过程中保持焊前成型精度，控制激光能量的输入量和输入位置的过程，主要涉及激光头（激光光斑）运行轨迹控制，最优工艺参数选取问题。

1.3.1.3　焊后成型

焊后成型是熔池快速冷却形成焊缝的过程，对于裂纹倾向明显的材料需要采取保温等措施，而对于常见的激光拼焊板通常是一个不需人工干预的自然冷却过程。焊后成型后需进行焊缝质量检测。

1.3.2　焊缝预成型技术介绍

由于激光的光斑直径很小，因此对焊前成型质量有严格的要求。接边直线度误差和定位误差是影响焊前成型质量的主要因素，在短焊缝激光拼焊中，板材的接边直线度误差较小，同时可以通过提高定位夹紧机构精度、刚度等方法来控制定位误差，但是随着焊缝长度的增加，接边直线度误差和定位误差都在增大，尤其在进行曲线焊缝焊接时，通过上述方法已经不能将误差控制在要求范围内，为保证焊接质量，国外拼焊线生产商使用和研发了多种焊缝预成型方法（见图 1-15）。

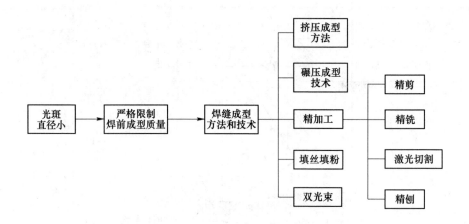

图 1-15　焊缝预成型技术分类

挤压成型方法，即在对中力的作用下，使料片接边发生挤压变形来消除或减小焊缝间隙及定位误差的技术方法。采用该技术的公司如日本 IHI 公司，该公司的第一条激光拼焊线于 2003 年在日本 Mazda 公司投入使用。IHI 公司目前只开发了直线焊缝激光拼焊线，采用工作台固定，激光头运动的焊接方式。图 1-16 为 IHI 公司的激光拼焊线。

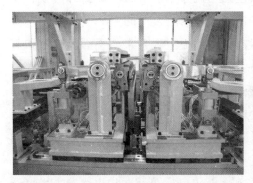

图 1-16　IHI 公司的激光拼焊线

日本尼桑公司的"可用于对接焊的装置与方法"、日本安川钢铁公司的"带研磨装置的焊接设备"等均采用了精剪的接边处理方式，但是由于添加了剪板工序，效率受限。美国通用汽车公司的专利"用于装夹已对接金属板材的方法"也使用了在线精剪的方式，为提高效率，设备采用了穿梭式双工作台交替焊接的方式，在实践中美国 VIL 公司等借鉴了该方案。美国 Littell 公司的专利"剪切机的刀刃装配方法"采用了精密冲裁技术来处理板边，适用于中等长度直线板边的焊前处理。德国 Thyssen 公司的专利"结构化零件生成的方法和设备"针对不规则拼焊板也采用了精密冲裁技术，并采用多块钢板同时冲裁的方法，通过对板边进行选配，提高了对接效果。

瑞典 Esab 公司开发了集搅拌摩擦焊与激光焊接于一体的焊接装置，装置采用连杆机构作为压紧装置，为减小间隙采用了在线精铣的方式来处理料片接边，铣头可以与搅拌摩擦头共用同一套驱动，也可以单独添加。德国 ThyssenKrupp 公司研制的直缝连续型 8kW CO_2 激光焊接生产线，也采用料片精铣来保证焊接边直线度，焊接速度最高可达 10m/min，加工材料的厚度范围在 0.6~3.0mm，最大卷宽为 1600mm。该拼焊线通过巧妙的斜坡定位装置实现定位，通过滚轮驱动实现了连续焊接，生产效率较高。

美国 Worthington 工业公司研制了"组合式激光切割和板坯拼焊装置"，采用在线激光切割的方法来提高接边质量，设备由两个工作台组成，切割后动工作台完成对中动作，然后进行焊接，工作效率较低。华中科技大学的专利"薄板激光切割-焊接组合工艺及其设备"采用激光切割的方法来提高板材接边的直线度，减小间隙。由于期间包括切割喷嘴和焊接头的拆卸转换，加工效率较低。丹麦技术大学的专利"精确接合两块板材的方法"提出了一种拼焊板接边预处理方法，通过激光切割板边和板边嵌合来减小焊缝间隙和避免热变形，但生产效率较低。

　　瑞士 Elpatronic 公司专利"复合板激光焊接工艺与设备"采用了碾压的方法来处理间隙问题，根据材料塑性变形理论设计了碾压机构，其中一对平轮用于压平薄板，而具有异型剖面的碾压轮负责将厚板边缘挤向焊缝中线以减小焊前缝隙，其缺点是容易在拼焊板上留下明显压痕，经考察其实际产品已有较大改进。基于 Elpatronic 公司的专利，Soudronic 公司在其直线激光拼焊设备上采用了碾压技术（见图 1-17），在焊接曲线焊缝时，因为钢板间隙的状况更复杂，该公司采用了填丝的方法来消除焊缝间隙（见图 1-18）。

图 1-17　直线焊接碾压机构

　　双光束焊接，是将同一种激光采用光学方法分离成两束单独的光来进行焊接，或采用两束不同类型的激光进行组合焊接的方法。双光束焊接方法的提出，主要是用于解决激光焊接对装配精度的适应性及提高焊接过程的稳定性、改善焊缝质量。通过改变光束能量、光束距离，甚至是两光束的分布模式，对焊接温度场进行方便、灵活地调节，改变匙孔的存在模式与熔池中液态金属的流动方式，为焊接工艺提供更广阔的选择空间。采用双光束焊接不等厚板，可以适应板材间隙、对接部位、相对厚度和板件材料的不同变化，可焊接具有更大边缘和缝隙公差的板件，提高焊接速度和焊接质量。双光束激光焊接原理见图 1-19。

图 1-18　曲线焊接填丝机构

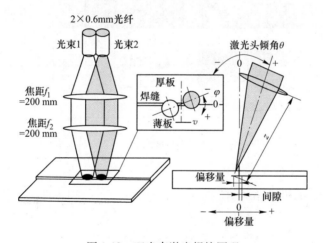

图 1-19　双光束激光焊接原理

1.4　激光拼焊焊缝质量标准

　　激光拼焊的焊缝质量主要从焊缝力学性能和截面形貌两个方面来评估，力学性能检测速度较慢且通常具有破坏性，而焊缝截面形貌可通过视觉检测系统在线快速获取，并可在很大程度上体现焊缝的力学性能，因此激光拼焊板通常主要检测焊缝截面形貌，辅以力学性能检测。激光拼焊板的焊缝质量标准见表 1-5。

表 1-5　激光拼焊板焊缝质量标准

序号	缺陷类型	缺陷截面图	缺陷示意图	缺陷标准
1	凹陷			$h_1(h_2) \leqslant 0.2\text{mm} + 0.1T_2$ （T_2 为薄板的厚度）
2	咬边			$h \leqslant 0.05T_2$
3	一致性差			不同焊缝位置 截面形貌不一致
4	错配			$h \leqslant 0.1T_2$
5	其他缺陷		（1）过剩焊接金属（上表面凸起焊球）； （2）激光深入过度（下表面凸起焊球）； （3）裂纹、小孔等	

参 考 文 献

[1] William S M. Laser material processing [M]. London：Springer，2003：177~178.

[2] 宁文祥．"轻量化"是我国运输类专用汽车发展的大趋势 [J]．专用汽车，2010，10（9）：16~17.

[3] Natsumi F. Laser welding technology for joining different sheet metals in a one-piece stamping process [J]. International Journal of Materials and Product Technology, 1992, 7 (2):

219~233.

［4］陈炜，吴毅明，吕盾，等. 差厚激光拼焊板门内板的成形性能研究［J］. 中国机械工程，2006，17（11）：1188~1190.

［5］陈彦宾. 现代激光焊接技术［M］. 北京：科学出版社，2005.

［6］Xin L M，Xu Z G，Zhao M Y，et al. Analysis and research on mismatch in Tailored Blank Laser Welding for multi-group［C］//Changsha：Information and Automation，ICIA 2008，2008：1034~1037.

［7］Xin L M，Xu Z G，Zhao M Y，et al. Error modeling for tailored blank laser welding machine［C］//Hefei：International Symposium on Precision Mechanical Measurements，2008.

［8］辛立明，赵明扬，徐志刚. 激光拼焊错边产生与预测建模方法［J］. 焊接学报，2008，29（11）：89~92.

［9］房灵申，赵明扬，徐志刚. 我国激光拼焊自动化成套装备发展现状与对策［J］. 第二届中国 CAE 工程分析技术年会，2010：388~393.

［10］Chen D，Zhao M Y，Zhu T X，et al. Research on leveling technology of tailored laser welding［J］. Advanced Materials Reasearch，2011：189~193.

2　挤压预成型方法

2.1　引　　言

挤压预成型方法，即在对中力的作用下，使料片接边发生挤压变形，挤压后料片接边的不平度（凸点）会减小，从而消除或减小焊缝间隙及定位误差。挤压预成型方法的效果随着焊缝长度的增加而弱化，因此该方法适用于短焊缝激光拼焊。日系的激光拼焊装备通常使用挤压预成型方法，沈阳自动化研究所研制的激光拼焊生产线，焊前成型阶段也采用了挤压预成型方法。接下来对挤压预成型方法的原理和技术细节进行论述。

2.2　成型误差分析

2.2.1　剪切误差

SIA 的激光拼焊生产线的料片接边采用精剪下料，在精剪过程中，由于精剪机本身精度问题和精剪工序操作不当会产生精剪误差，剪切误差主要表现为接边直线度误差和端面形貌误差两种形式，它们是影响焊前成型质量的主要因素。

2.2.1.1　接边直线度误差

料片接边直线度误差与设备精度、料片厚度和材料属性等因素有关，它随着料片厚度和抗拉强度的增加而降低。国家标准规定普通剪板机直线度精度 Ⅰ 级标准为：$\Delta_i \leqslant 0.25\text{mm}/1000\text{mm}$，普通剪板机的精度显然不能满足激光拼焊的要求。

精剪机的剪板直线度 Δ_i 可达 $0.05\text{mm}/1000\text{mm}$，若不考虑对中误差的影响，对于采用精剪下料的拼焊板，理论上间隙会在 $[0, \Delta_1 + \Delta_2]$ 范围内波动（见图 2-1），对于 SIA 的激光拼焊生产线（最长焊缝 1650mm），间隙会在 0~0.16mm 之间波动，该数值略高于激光拼焊对焊前成型间隙的要求（小于薄板厚度的 0.08 倍并小于光斑直径的一半）。但大量的焊接试验证明，对于短焊缝激光拼焊，采用精剪下料可以获得合格的焊缝，分析原因如下：（1）定位过程中接边高低点相互交错减小了间隙；（2）挤压成型方法对毛刺及接边凸点挤压作用降低了间隙。虽然精剪下料方法满足了设备当前的焊接要求，但随着焊缝长度的增加，精剪误差增大，挤压成型方法的补偿作用减弱，同时精剪机本身维护成本高、维护周期短，这些因素促进了新的焊缝成型方法与技术出现。

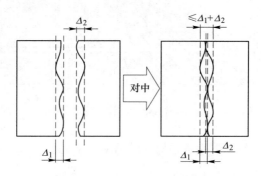

图 2-1　接边直线度与间隙

2.2.1.2　端面形貌误差

剪切过程是材料发生变形的过程，该过程由弹性变形、塑性变形和断裂三个阶段组成。在弹性变形阶段，剪刃与板材接触并挤压，板材产生弹性压缩且有少量向下挠曲，随着剪刃继续下压，挠曲加重，此时材料内应力未超过弹性极限，一旦上下剪刃分离料片可恢复原来形状。随着剪刃继续下压，进入塑性变形阶段，板材变形达到它的屈服极限，部分材料被刀侧面挤压，产生塑性变形，得到光亮的剪切断面（光亮带 S）。剪切继续行进，材料内应力不断增大，在刀刃口处由于应力集中，此处的最大内应力超过材料的断裂极限，开始出现微小裂纹。剪刃继续切入，刃口处的裂纹不断向材料内部扩展，板材断裂，形成断裂带 B。

标准的剪切下料料片端面形貌见图 2-2，板厚尺寸为 T，光亮带尺寸为 S，断裂带尺寸为 B，对接后形成如图 2-3 所示的 X 形接头，X 形接头也可认为是焊缝间隙的一种，除会引发焊缝凹陷外，还是诱发咬边的原因之一。

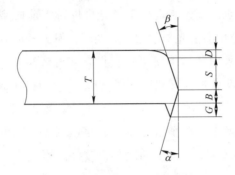

图 2-2　剪切料片的端面形貌图

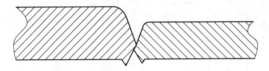

图 2-3　X 形接头

激光拼焊中对端面形貌各项尺寸的精度要求见表 2-1。

表 2-1　料片焊接边质量要求

项目	单位	参数
毛刺高度 G	mm	$\leqslant 0.05T$
切断与拉断比 S/B	—	$\geqslant 1$
切断面角度 β	(°)	<2.5
拉断面角度 α	(°)	<11
塑性变形 D	mm	$<0.1T$
毛刺位置	—	基板上端或下端，方向向下

各误差项目对焊接质量的影响分析如下：

（1）毛刺的大小与位置：毛刺如果向前，对焊缝间隙有较大影响，如向下则比较理想，但是毛刺过大会对背部焊缝形态有一定影响，并容易引发咬边缺陷。

（2）切断与拉断比：切断与拉断比是表征精剪边形貌的重要指标，切断部分外观光滑，也称为光亮带，拉断部分外观粗糙，也称为断裂带。通常通过调整精剪机刃口间隙可获得较大的切断与拉断比，但是同时会降低精剪刀具寿命，因此，应根据实际情况调整合适的刃口间隙。切断与拉断比 S/B 也与钢板材质与厚度有一定关联性，钢板厚度越大、强度越高、韧性越低，通常 S/B 值越小。

（3）切断和拉断面角度：切断与拉断面角度也是表征精剪接边形貌的重要指标。通过调整精剪机刃口间隙可以获得较小的切断、拉断面角。大的切断、拉断面角会造成钢板焊接边在对接时出现 X 形接头，容易造成焊缝凹陷与咬边。

（4）塑性变形圆角：塑性变形不仅造成焊接边塌陷，同时形成了一个圆角，圆角会对跟踪系统产生一定影响，形成跟踪误差。

2.2.2 定位过程分析

定位工序主要有两个作用：（1）确定料片接边间的正确相对位置；（2）确定对接焊缝中心与工作台中心间的正确相对位置。定位工序的误差主要来自上料工序，虽然上料误差数值较大，但该误差可以在定位工序中得到补偿，而定位销位置误差引起的焊缝中心位置误差会一直延续到焊中成型阶段。

2.2.2.1 上料误差

上料误差是由上料环节各个分步位置误差（码垛误差、上料盘摆放误差和上料机器人搬运误差等）叠加而成，是一个较大的综合位置误差（见图2-4），图中 L_x 代表上料环节中的 x 方向位置误差，L_y 代表上料环节中的 y 方向位置误差，L_α 代表上料环节中的扭转误差。

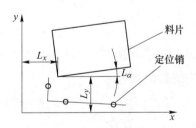

图 2-4　上料误差示意图

2.2.2.2 定位过程

如何补偿和减小前一环节误差，达到焊前成型的位置要求，是定位系统解决的主要问题。SIA 的激光拼焊生产线的定位系统主要由主动定位机构、正向定位基准销和侧向定位基准销组成。理论上定位销基准与焊接工作台基准重合。

定位的目标是将板材的指定边缘与定位销在 x、y 方向完全接触，因此定位机构需要具有三个自由度：x 向移动、y 向移动和 xy 平面内的转动（见图 2-5）。

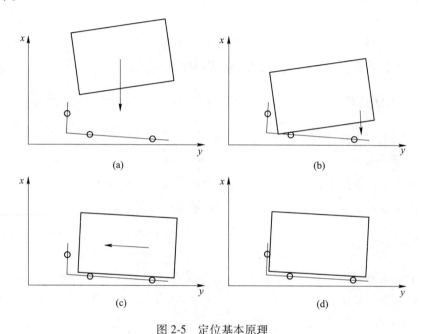

图 2-5　定位基本原理

（a）x 方向平动；（b）整体转动；（c）沿定位销整体平动；（d）定位完成

根据定位目标要求，本书设计了如图 2-6 所示的定位机构。该机构由 5 个活动构件组成，它们通过 4 个移动副和 2 个转动副连接起来，其中构件 3 为吸盘与料片的固联体。机构的自由度为：

$$F = 3n - 2P_L - P_H = 3 \times 5 - 2 \times 6 - 0 = 3 \qquad (2\text{-}1)$$

式中　F——机构自由度；

n——活动构件的数量；

P_L——低副的数量；

P_H——高副的数量。

从式（2-1）中可以看出，该机构具有 3 个自由度，具备了补偿上料环节

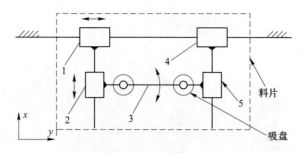

图 2-6　定位机构运动简图

1—水平移动副Ⅰ；2—垂直移动副Ⅰ；3—连杆；4—水平移动副Ⅱ；5—垂直移动副Ⅱ

中引入的 x、y 方向位置误差和角度误差的功能。

为提高生产效率，充分利用工作台的长度，对于短料片可以采用多组同时焊接（见图 2-7）。在多组焊接中，需要实现多组料片的同时定位，但由于料片误差的差别以及定位销位置误差的存在，要实现分别与相应的定位销接触，需补偿误差的大小不一，因此要求机构具有 3 个自由度的缓冲能力，以适应变化的误差。

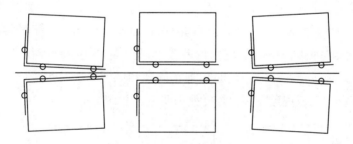

图 2-7　多组焊接的定位结果

含缓冲机构的多组焊接定位机构见图 2-8，其工作原理如下：主动定位机构的吸盘组件将钢板吸附，此时钢板具有 x、y 方向的位置误差和角度误差，如果为三组钢板，则共有 9 个误差源。主动定位机构向前执行正向定位，由于每个吸盘组件具有单独的旋转自由度和正向缓冲自由度，因此，钢板会在其焊接边接触正向定位基准销时发生旋转和退让，补偿 x 方向的位置误差和角度误差，随后进行侧向定位，钢板侧定位边接触侧定位基准销而停止，压缩侧向缓冲弹簧，由于侧向缓冲弹簧彼此相对独立，因此，侧定位可以补偿 y 向的位置误差。

图 2-8　多组焊接的定位机构

2.2.2.3　定位误差

在定位工序中，压紧机构与对中机构相互配合将料片对接在一起，完成了焊缝焊前成型。定位过程中虽有效补偿了上料误差，但同时也引入了新的误差，其主要误差来源包括正向定位基准销的直线度误差、两侧正向定位基准销之间的平行度误差、正向定位基准销在正向定位力作用下的挠曲变形误差以及定位销与焊接中心的位置误差等。以上误差使得钢板在定位压紧后，并不能很好地拼合在一起，而是出现了间隙和倾斜，而且焊缝中心与工作台中心并不重合，该现象在多组焊时尤为明显（见图2-9）。

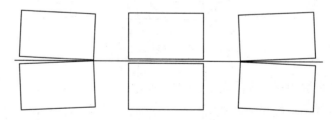

图 2-9　定位销位置误差引起的间隙

2.3　挤压成型方法分析

SIA 的激光拼焊线采用的是两侧料片分别定位的定位方式，由于定位误差的存在，对中后形成了较大的对中间隙和 V 形开口，为解决该问题，设备中引入了挤压成型方法。挤压成型方法即在对中力和夹紧力的配合作用下，使料片接边发生挤压变形和滑移以消除或减小焊缝间隙，提高焊前成型质量。

挤压成型方法是焊前成型方法之一，其作用原理如图 2-10 所示，为消除在定位过程中形成的间隙和 V 形开口，设置薄板侧压紧力小于厚板侧压紧力，工作台完成理论对中行程后以一定的对中力继续向焊缝中心运动一段距离，此时在对中力作用下薄板将向后滑移和旋转将 V 形开口消除，料片接边接触后，对中力继续挤压毛刺和接边凸点，进一步减小间隙。

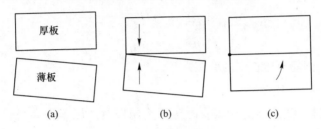

图 2-10　挤压成型方法

（a）初始位置；（b）近点接触；（c）薄板向后滑移旋转

挤压成型方法中包括两个主要参数：对中过盈量和两侧压紧力大小。对中过盈量是指在对中时，当两块料片边缘同时到达理论中心线后，薄板继续按照原方向运动一段距离，对中过盈量是消除定位误差造成的钢板间隙的一个主导因素。两侧压紧力大小和差值是挤压成型方法得以实现的保证，由于两侧压紧力差的存在，当薄板和厚板在近点接触时，薄板向后滑移和旋转，而厚板不动，间隙得以消除，压紧力差值是取得良好定位精度的重要因素。

2.3.1　压紧力分析

在激光拼焊生产线中，压紧力（见图 2-11）的作用主要有两个：一是保

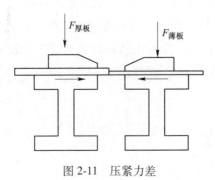

图 2-11　压紧力差

证定位精度，二是控制板材变形。采用挤压成型方法时，压紧力大小不仅要满足以上两个条件，还要保证对中时薄板能向后滑移，而厚板位置保持不变。

具体条件如式（2-2）、式（2-3）所示。

$$\begin{cases} F_{厚板} \geq F_{1校正} \\ F_{薄板} \geq F_{2校正} \end{cases} \tag{2-2}$$

式中　$F_{厚板}$，$F_{薄板}$——厚板侧和薄板侧的压紧力；

　　　$F_{1校正}$，$F_{2校正}$——校正厚板和薄板变形所需的校正力。

$$\begin{cases} \mu F_{厚板} \geq F_{对中} \\ \mu F_{薄板} \leq F_{对中} \end{cases} \tag{2-3}$$

式中　μ——钢板与压板间的摩擦系数；

　　　$F_{对中}$——对中力的大小。

本书通过有限元分析和试验确定了不同板材的压紧力大小，在生产实践中取得了较好的效果。

2.3.2　过盈量分析

依靠对中运动的过盈量和钢板的相对运动，可实现对定位误差产生间隙的补偿，通过大量试验研究，本书积累了丰富的数据，确定了合适的过盈量范围为 0.25~0.35mm，并总结出了过盈量的测量调整规范。

2.4　焊前成型残留误差分析

在完成上料、定位夹紧工序后，焊前成型的残留误差主要包括：板材剪切误差引起的间隙和厚板侧定位销位置误差引起的焊缝位置误差（见图2-12）。厚板侧定位销位置误差引起的焊缝位置误差可以通过焊缝跟踪技术实现补偿。剪切误差引起的间隙不能通过提高机构刚度、精度以及改善定位方法来补偿，需要通过其他焊缝成型方法与技术来解决。

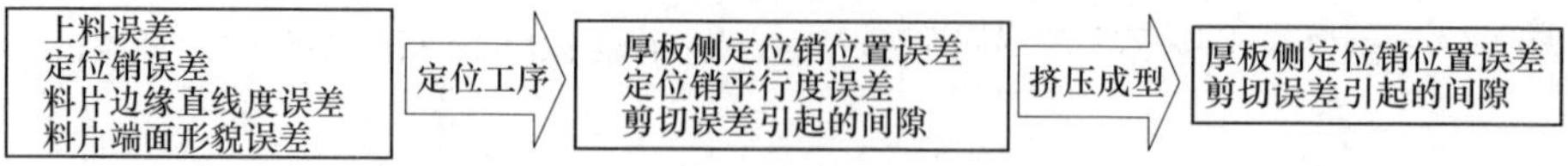

上料误差　定位销误差　料片边缘直线度误差　料片端面形貌误差　→定位工序→　厚板侧定位销位置误差　定位销平行度误差　剪切误差引起的间隙　→挤压成型→　厚板侧定位销位置误差　剪切误差引起的间隙

图 2-12　焊前成型残留误差

2.5 压紧方式的改进——磁气复合压紧机构

压紧机构是保证定位精度和焊接过程稳定性的关键机构。激光拼焊中常用的压紧方式是机械压紧，采用多个均布的金属压板压紧钢板，该方式下容易导致压紧力分布不均匀，钢板变形大，容易在钢板表面留下压痕。同时压紧力过大也会导致机构的变形，进而加大成型误差，为此本书研究了电磁力对薄钢板的吸附性能，设计了电磁和机械复合的压紧机构，机构具有结构紧凑、压紧力均匀、响应迅速、钢板变形小等优点。

2.5.1 气动压紧机构

激光拼焊技术在汽车车身制造上得到了广泛应用，对于减轻汽车重量、减少材料消耗、减少加工工序、降低生产成本、实现等强度设计等都有十分重要的作用。

压紧机构是激光拼焊系统的重要组成部分，是保证定位精度以及焊接过程稳定性的关键，直接影响焊接效率和焊接质量。

目前的压紧机构多采用机械式压板压紧（见图 2-13），为提供足够的压紧力，通常采用杠杆增力，压紧力通过杠杆传递给弹簧，弹簧通过压板进行压紧。该机构的优点是通过杠杆可以增加压紧力，缺点是翻转式压紧机构不能保证压紧力垂直作用在钢板上，钢板表面容易留下压痕，同时不能保证压紧力的均匀性。

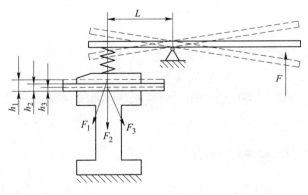

图 2-13 机械压紧机构

电磁压紧方式与机械压紧方式相比，具有结构简单、不损伤工件、操作简单、响应迅速等优点。但由于电磁吸盘对薄板的吸附力存在不确定性，该压紧方式没有广泛应用在激光拼焊上。本书分析了电磁吸盘对薄板的吸附性能，并结合机械压板压紧方式设计了实用的激光拼焊复合压紧机构。

2.5.2　激光拼焊中的压紧力要求

激光拼焊的定位压紧过程见图 2-14，首先压板将厚板、薄板同时压紧，然后左右工作台对中，对中后要保证厚板和薄板端面间存在一定的正压力。在该过程中，压紧力的作用主要是保证定位精度和控制钢板变形，并防止钢板在对中力作用下发生滑移。压紧力不足不能保证焊接过程安全可靠的进行，盲目增加压紧力又会增加设计成本与设计难度，因此确定合理的压紧力十分重要。

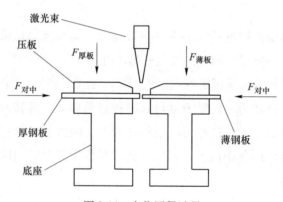

图 2-14　定位压紧过程

压紧力既要能够有效校正钢板变形，还要保证钢板在对中力的作用下不发生滑移，根据公式（2-2）和式（2-3）进行计算，并通过有限元分析验证，最终确定压紧力应 ≥500N/100cm，即要求每 100cm 工作台上的压紧力不小于 500N。

2.5.3　电磁吸盘的薄板吸附性能分析

常用的激光拼焊板厚度范围为 0.5～3.5mm，本书对电磁吸盘对该厚度范围内钢板的吸附性能进行了分析。

2.5.3.1 工作原理

矩形电磁吸盘的导磁板被铜条分割成 N 极和 S 极（见图 2-15），当线圈通入电流后，在铁芯内外激起磁场，由线圈出来的磁力线经过 N 极、钢板厚度方向截面以及 S 极形成闭合回路，工件被吸向铁芯。切断电流时，铁芯内外的磁场随即消失，工件被释放。

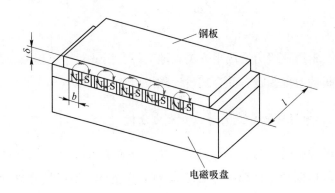

图 2-15　电磁吸盘工作原理

2.5.3.2 磁路饱和现象与薄板吸附力

磁感应强度 B 是描述磁场力特征的物理量，当 B 到达极限值后则无法继续增加，或每增加一条磁力线需要很大的电流，这种现象称为磁路饱和。

吸盘产生磁力的磁通需通过磁极以及板件厚度 δ 方向的截面才能构成闭合的回路。电磁吸盘的磁极尺寸见图 2-15，吸合面磁通密度为 B，则磁极 N 出来的磁通 ϕ 可表示为：

$$\phi = lbB \tag{2-4}$$

若忽略漏磁的影响，则理论上通过钢板的磁通也应为 ϕ，此时钢板厚度截面方向上的磁通密度 B_δ 为：

$$B_\delta = \frac{\phi}{l\delta} \tag{2-5}$$

当钢板厚度 δ 大于磁极宽度 b 时，即 $\delta > b$，则 $B_\delta < B$，电磁吸盘的吸力可按式（2-6）计算：

$$F = \left(\frac{B}{0.5}\right)^2 S \tag{2-6}$$

式中　S——钢板与吸盘接合面的面积。

而当 $\delta < b$ 时，则 $B_\delta > B$，而且 B_δ 随着板厚的减小而增大，当 $B_\delta > 2T$（特斯拉）时，则磁路趋于饱和，此时磁通 $\phi_\delta = 2l\delta < \phi$，因而此时吸合面的实际磁通密度 B_2 为：

$$B_2 = \frac{\phi_\delta}{lb} = \frac{2l\delta}{lb} = 2\frac{\delta}{b} \tag{2-7}$$

根据式（2-7），吸力会成平方关系地下降，因此对于电磁吸盘结构设计，需要考虑钢板的厚度影响，并合理设计磁极形状。

2.5.3.3　矩形密极吸盘的薄板吸附力分析

磁极间隙细密时，磁力分布均匀，适于吸附薄小工件，据此试验中采用小极距吸盘，根据激光拼焊的空间要求和工艺条件，取磁极宽度为 $b = 3\text{mm}$，铜条宽度为 1mm，磁盘宽度 $l = 110\text{mm}$。一般电磁吸盘导磁体中的磁感应强度 B_{cm} 约为 $1.2 \sim 1.4T$，我们取 $B_{cm} = 1.3T$，常用激光拼焊板厚度 $\delta \in [0.5, 3.5]$（单位:mm）。

$$\begin{cases} 当 B_\delta \leqslant 2T 时, B_2 = 1.3 \\ 当 B_\delta > 2T 时, B_2 = 2\dfrac{\delta}{b} \end{cases} \tag{2-8}$$

由 $B_\delta = \dfrac{\phi}{l\delta} = \dfrac{lbB}{l\delta} = \dfrac{bB}{\delta} \leqslant 2T$，得到 $\delta \geqslant 1.95\text{mm}$，则有：

$$\begin{cases} 当 \delta < 1.95\text{mm} 时, B_2 = 2\dfrac{\delta}{b} \\ 当 \delta \geqslant 1.95\text{mm} 时, B_2 = 1.3 \end{cases} \tag{2-9}$$

激光拼焊夹紧系统的夹紧力通常以"N/100cm"为单位，压紧力 F_{100} 可用下式计算：

$$F_{100} = \left(\frac{B_2}{0.5}\right)^2 S_{100} \tag{2-10}$$

式中　B_2——工作时磁极中磁感应强度；

　　　S_{100}——每 100cm 工作台上的有效吸合面积。

对于宽度 $l=110$mm 的工作台面，有：

$$S_{100} = 100l \times 0.75 = 8250mm^2 \tag{2-11}$$

图 2-16 为根据试验确实的电磁吸盘吸附力曲线，从图中可以看出，板厚 1.95mm 是发生磁力饱和的临界厚度，板厚小于 1.95mm 时，板厚对磁力影响严重，板厚大于 1.95mm 时理论上磁力不再增加，在试验数据中发现磁力略有增加。厚度大于 1.85mm 的钢板，电磁吸盘可以产生 500N/100cm 以上的压紧力。

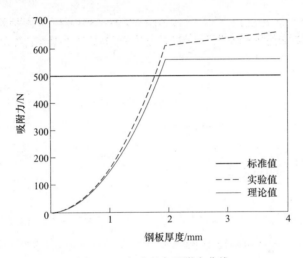

图 2-16　电磁吸盘吸附力曲线

2.5.4　复合压紧机构结构

为确保压紧的安全可靠，设计了复合压紧机构（见图 2-17），机构采用电磁吸盘和机械压板复合的方式，直接采用电磁吸盘导磁板作为工作台，对于不同厚度的钢板，机械压板只需提供不同的辅助压紧力。压紧过程中以电磁压紧为主，只有在板厚小于 1.85mm 时才需要机械压紧系统工作，而且只需提供较小的压紧力，因此极大减小了机构变形和钢板表面压痕。

采用复合压紧机构，避免了单存机械压紧方式存在的问题，可在激光拼焊过程中提供可靠的定位和压紧：

（1）密极吸盘适合激光拼焊板的吸附，吸附力与板厚有关。

（2）对于本书中的电磁系统，板厚 1.95mm 是产生磁力饱和的临界点，板厚大于该厚度以后，吸附力无明显增加。

（3）对于板厚大于 1.85mm 的钢板，可单独依靠电磁力压紧，对于板厚小于该厚度的钢板，需辅以机械压板压紧。

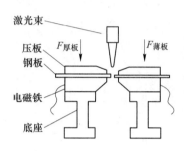

图 2-17　复合压紧机构

参 考 文 献

［1］沈阳锻压机床厂. GB/T 14404-93 剪板机精度［S］. 中国：中国标准出版社，1993.

［2］William S M. Laser material processing［M］. London：Springer，2003：177~178.

［3］中国机械工程学会焊接学会. 焊接手册（第三卷　焊接结构）［M］. 北京：机械工业出版社，1992：12~13.

［4］辛立明，徐志刚，赵明扬，等. 激光拼焊生产线定位误差分析及其控制［J］. 机械科学与技术，2009，28（2）：163~166.

［5］陈东，景宽，宋华. 激光拼焊复合压紧机构研究［J］. 机械设计与制造，2014（7）：40~42.

［6］Zhao M Y，Zou Y Y，Chen D. Research on correlation between weld concavity and weld process parameters in tailored blank laser welding［C］//Shenzhen：Advanced Materials Research，2011（154）：553~557.

［7］张萌，徐敏. 长焊缝激光拼焊焊缝碾压预成型技术研究［J］. 机械设计与制造，2011（5）：149~151.

［8］陈炜，吴毅明，吕盾，等．差厚激光拼焊板门内板的成形性能研究［J］．中国机械工程，2006（11）：1188~1190.

［9］郭保荣．多功能强力电磁吸盘的磁路特征及应用［J］．磨床与磨削，1996（2）：44~45.

［10］宋书中，王红霞，崔广渊，等．大振幅直线震荡电机的电磁力分析方法研究［J］．机械设计与制造，2013（9）：120~122.

［11］钱家骊．电磁铁吸力公式的讨论［J］．电工技术，2001（1）：59~60.

3 碾压预成型技术

3.1 引　　言

随着车身设计水平和激光拼焊板应用技术的不断发展，汽车厂商对长焊缝拼焊板的需求不断增加。随着焊缝长度的增加，料片剪切误差增大，挤压成型方法的补偿作用降低，为保证焊前成型质量，需要研究新的焊缝成型方法与技术，而碾压技术是提高长焊缝激光拼焊焊前成型质量的一种有效途径。目前，瑞士的 Soudronic 公司的激光拼焊设备采用了塑性碾压技术。

碾压技术是利用碾压机构对厚板边缘进行碾压，料片局部变形后，产生向焊缝间隙方向的宽展，塑性流动的金属将间隙填补或减小的一种工艺方法（见图 3-1）。碾压的目标是产生合适的宽展量与宽展形貌，采用碾压技术既能减小焊缝间隙，提高焊接质量，同时可以降低对前道工序的加工精度要求、提高焊接速度（碾压后厚板焊接区厚度减小）、降低生产成本。

在激光拼焊生产线上，碾压机构布置在焊接单元前方（见图 3-2），主要

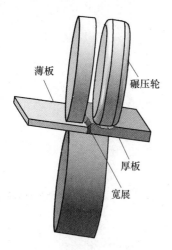

图 3-1　碾压机构原理图

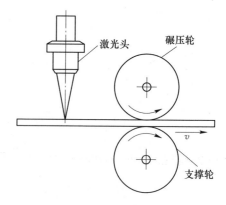

图 3-2　碾压机构工作位置

由碾压轮、压紧轮和支撑轮组成。碾压轮对厚板边缘进行碾压，使其产生合适的宽展；压紧轮压紧薄板边缘防止其发生变形和翘曲；支撑轮厚度较大，在底部起支撑作用，防止发生错配，以保证正确的焊接位置。

采用碾压技术的拼焊系统对间隙的适应能力增强，但由于碾压力的存在，也带来一些不良影响，例如：提高了对焊接单元的刚度要求；增大了对夹紧力的要求；增加了工作台的进给阻力；碾压导致的板边变形可能对跟踪产生不利影响等。

碾压机构的设计目标是用较小的碾压力实现合适的宽展量与宽展形貌。影响碾压过程的参数较多，这些参数主要可以分成两类：碾压轮结构参数和碾压工艺参数。碾压系统各参数间的关系见图3-3。

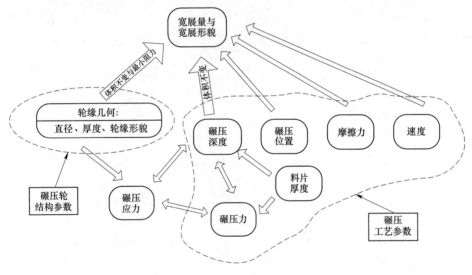

图 3-3　碾压系统各参数间的关系

碾压系统的参数较多、关系复杂，完全用物理实验对参数进行分析难以实现，因此通常采用仿真分析和部分试验验证的方法来分析各参数对碾压过程的影响。本书采用有限元分析软件 ABAQUS 进行碾压过程分析。

3.2　碾压力数学模型

碾压力是碾压轮和厚板间垂直方向上作用力的合力，它是碾压机构设计和工艺设计的重要参数，关于碾压力计算目前尚无合适模型。本书基于碾压机构的工作原理，建立了碾压力计算的数学模型，并通过仿真分析和物理试验进行了验证。

3.2.1　建立单位压力微分方程

为简化问题，计算碾压力时做如下假设和简化：材料性质均匀，碾压时变形均匀；变形区内各截面沿高度方向的水平速度相等；碾压时料片的纵向、横向和高度方向与主应力方向一致；碾压各轮和基座为刚体，轮缘形貌为直线。

基于 T. Karman 方程，本书建立了碾压轮单位压力微分方程。如图 3-4 所示，在板材的碾压区内任意取一微分体，其厚度为 $\mathrm{d}x$，分析作用在微分体上的各力，依据力平衡条件，通过微分方程建立起各力之间的联系。计算中将弧长近似为弦长，即 $\widehat{ab} = \overline{ab} = \dfrac{\mathrm{d}x}{\cos\theta}$。

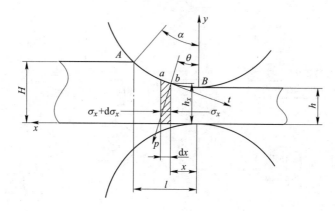

图 3-4　作用在微分体上的力

在后滑区，接触弧 ab 上合力的水平投影为：

$$B\left(p\,\frac{\mathrm{d}x}{\cos\theta}\sin\theta - t\,\frac{\mathrm{d}x}{\cos\theta}\cos\theta\right)$$

式中　B——变形区宽度；

$\quad\quad\theta$——ab 弧切线与水平面所成的夹角；

$\quad\quad p$——径向单位压力；

$\quad\quad t$——单位摩擦力。

作用在微分体两侧的力的合力为：

$$B\sigma_x y - B(\sigma_x + \mathrm{d}\sigma_x)(y + \mathrm{d}y)$$

根据力的平衡条件，所有作用在水平轴上力的投影代数和应等于零。即：

$$\sum x = 0$$

$$\sigma_x yB - (\sigma_x + \mathrm{d}\sigma_x)(y + \mathrm{d}y)B + p\tan\theta \mathrm{d}xB - t\mathrm{d}xB = 0 \tag{3-1}$$

取 $\tan\theta = \mathrm{d}y/\mathrm{d}x$，忽略高阶项，对上式进行简化，可以得到：

$$\frac{\mathrm{d}\sigma_x}{\mathrm{d}x} - \frac{p - \sigma_x}{y}\frac{\mathrm{d}y}{\mathrm{d}x} + \frac{t}{y} = 0 \tag{3-2}$$

同理，在前滑区有：

$$\frac{\mathrm{d}\sigma_x}{\mathrm{d}x} - \frac{p - \sigma_x}{y}\frac{\mathrm{d}y}{\mathrm{d}x} - \frac{t}{y} = 0 \tag{3-3}$$

设水平压应力 σ_x 和垂直压应力 σ_y 为主应力，则可写成：

$$\sigma_3 = -\sigma_y = \left(p\frac{\mathrm{d}x}{\cos\theta}B\cos\theta \pm t\frac{\mathrm{d}x}{\cos\theta}B\sin\theta \right)\frac{1}{B\mathrm{d}x}$$

忽略第二项，则：

$$\sigma_y \approx -p\frac{\mathrm{d}x}{\cos\theta}B\cos\theta\frac{1}{B\mathrm{d}x} = -p$$

代入 Mises 屈服条件得：

$$\sigma_x = p - K$$

式中　K——平面变形抗力。

将上式代入式（3-2）和式（3-3），得到单位压力的微分方程的一般形式。

$$\frac{\mathrm{d}p}{\mathrm{d}x} - \frac{K}{y}\frac{\mathrm{d}y}{\mathrm{d}x} \pm \frac{t}{y} = 0 \tag{3-4}$$

3.2.2　单位压力微分方程求解

对于边界条件，设 K 为常数，运用干摩擦定律确定切向力，即 $t = fp$，代入式（3-4）得：

$$\frac{\mathrm{d}p}{\mathrm{d}x} - \frac{K}{y}\frac{\mathrm{d}y}{\mathrm{d}x} \pm \frac{fp}{y} = 0 \tag{3-5}$$

此线性微分方程的一般解为：

$$p = \mathrm{e}^{\pm\int\frac{f}{y}\mathrm{d}x}\left(c + \int\frac{K}{y}\mathrm{e}^{\pm\int\frac{f}{y}\mathrm{d}x}\mathrm{d}y \right) \tag{3-6}$$

以弦 AB 代替弧，直线 AB 的方程式为 $y = \frac{\Delta h}{l}x + h$。

式中　l——变形区长度的水平投影；

  Δh——碾压深度。

微分后求得 $\mathrm{d}x = \dfrac{1}{\Delta h}\mathrm{d}y$，代入式（3-6）求出：

$$p = \mathrm{e}^{\pm \int \frac{\delta}{y}\mathrm{d}y}\left(c + \int \frac{K}{y}\mathrm{e}^{\pm \int \frac{\delta}{y}\mathrm{d}y}\mathrm{d}y\right) \tag{3-7}$$

式中，$\delta = \dfrac{lf}{\Delta h}$。

对上式进行积分得到：

  对于前滑区 $p = C_H y^{-\delta} + \dfrac{K}{\delta}$

  对于后滑区 $p = C_h y^{\delta} - \dfrac{K}{\delta}$

代入无前后张力时之边界条件：

$$y = H \quad p = K$$
$$y = h \quad p = K$$

得出积分常数：

  对于后滑区 $C_H = K\left(1 - \dfrac{1}{\delta}\right)H^{\delta}$

  对于前滑区 $C_h = K\left(1 + \dfrac{1}{\delta}\right)h^{-\delta}$

将积分常数和 $y = h_x$ 代入式（3-7），得出：

  对于后滑区 $p_H = \dfrac{K}{\delta}\left[(\delta - 1)\left(\dfrac{H}{h_x}\right)^{\delta} + 1\right] \tag{3-8}$

  对于前滑区 $p_h = \dfrac{K}{\delta}\left[(\delta + 1)\left(\dfrac{h_x}{h}\right)^{\delta} - 1\right] \tag{3-9}$

$$P = B\int_0^l p\frac{\mathrm{d}x}{\cos\theta}\cos\theta + B\int_{l_\gamma}^l t\frac{\mathrm{d}x}{\cos\theta}\sin\theta - B\int_0^{l_\gamma} t\frac{\mathrm{d}x}{\cos\theta}\sin\theta \tag{3-10}$$

式中　P——碾压力；

  l_γ——中性面分界点。

式中第二项和第三项比第一项小得多，工程上完全可以忽略，即：

$$P \approx B\int_0^l p\frac{\mathrm{d}x}{\cos\theta}\cos\theta = B\int_0^l p\mathrm{d}x \tag{3-11}$$

将 $dx = \dfrac{l}{\Delta h} dh_x$ 和式 (3-8)、式 (3-9) 代入式 (3-11) 有:

$$P = B \frac{l}{\Delta h} \frac{K}{\delta} \left\{ \int_{h_\gamma}^{H} \left[(\delta - 1)\left(\frac{H}{h_x}\right)^\delta + 1 \right] dh_x + \int_{h}^{h_\gamma} \left[(\delta + 1)\left(\frac{H}{h_x}\right)^\delta - 1 \right] dh_x \right\}$$

$$(3-12)$$

式中　h_γ——中性面处的板厚。

在 $h_x = h_\gamma$ 时,由前滑区和后滑区公式计算出来的单位压力应相等,据此关系得出:

$$\frac{1}{\delta} \left[(\delta - 1)\left(\frac{H}{h_\gamma}\right)^\delta + 1 \right] = \frac{1}{\delta} \left[(\delta + 1)\left(\frac{h_\gamma}{h}\right)^\delta - 1 \right]$$

$$(3-13)$$

由此得到:

$$\left(\frac{H}{h_\gamma}\right)^\delta = \frac{1}{\delta - 1} \left[(\delta + 1)\left(\frac{h_\gamma}{h}\right)^\delta - 2 \right]$$

$$(3-14)$$

代入式 (3-12) 得出碾压力如下式:

$$P = B \frac{2lh_\gamma}{\Delta h(\delta - 1)} K \left[\left(\frac{h_\gamma}{h}\right)^\delta - 1 \right]$$

$$(3-15)$$

$$P = \bar{p} A$$

式中　A——接触面水平投影面积。

$$\bar{p} = K \left[\frac{2h}{\Delta h(\delta - 1)} \right] \frac{h_\gamma}{h} \left[\left(\frac{h_\gamma}{h}\right)^\delta - 1 \right]$$

$$(3-16)$$

或

$$\bar{p} = K \frac{2(1 - \varepsilon)}{\varepsilon(\delta - 1)} \frac{h_\gamma}{h} \left[\left(\frac{h_\gamma}{h}\right)^\delta - 1 \right]$$

$$(3-17)$$

$$\varepsilon = \frac{\Delta h}{H}$$

$$\delta = \frac{lf}{\Delta h} = \sqrt{\frac{D}{\Delta h}}$$

$$(3-18)$$

$$\left(\frac{h_\gamma}{h}\right) = \left\{ \frac{1 + \sqrt{1 + (\delta^2 - 1)\left(\dfrac{1}{1 - \varepsilon}\right)}}{\delta + 1} \right\}^{\frac{1}{\delta}}$$

$$(3-19)$$

算例:已知板材厚度 $H = 1.6mm$,材料 SPC440,碾压轮直径 $D = 290mm$,碾压深度 $\Delta h = 0.3mm$,碾压宽度 $B = 1.62mm$,碾压轮与板材间的摩擦系数 $f = 0.1$,求碾压力。

解：首先计算平均单位压力：

$$\delta = f\sqrt{\frac{D}{\Delta h}} = 0.1\sqrt{\frac{290}{0.3}} = 3.109$$

$$\varepsilon = \frac{\Delta h}{H} = \frac{0.3}{1.6} = 18.75\%$$

根据材料 SPC440 的加工硬化曲线确定 $\sigma_s = 616.56\text{MPa}$，所以平面变形抗力 K 为：

$$K = 1.15\sigma_s = 1.15 \times 616.56 = 709.044\text{MPa}$$

$$A = Bl = 1.62 \times 9.33 = 15.1146$$

$$\left(\frac{h_\gamma}{h}\right) = \left\{\frac{1 + \sqrt{1 + (\delta^2 - 1)\left(\frac{1}{1-\varepsilon}\right)}}{\delta + 1}\right\}^{\frac{1}{\delta}} = 1.0778$$

$$\bar{p} = K\frac{2(1-\varepsilon)}{\varepsilon(\delta - 1)}\frac{h_\gamma}{h}\left[\left(\frac{h_\gamma}{h}\right)^\delta - 1\right] = 823.4334\text{N}$$

故得出碾压力：

$$P = A\bar{p} = 12436\text{N}$$

相同条件下的仿真结果为 11982N，相对误差为 3.6%。

3.3　碾压轮结构参数分析

碾压轮是碾压机构中最重要的执行构件，其主要结构参数包括：碾压轮直径、碾压轮厚度和轮缘形貌。碾压的目标是获得合适的宽展量与宽展形貌，它们主要与碾压轮的结构参数和碾压工艺参数相关，确定碾压轮结构参数是进行碾压工艺研究的基础，因此本节首先分析碾压轮结构参数对碾压过程的影响。

3.3.1　建立碾压仿真模型

本书采用 ABAQUS 对碾压过程进行数值模拟，ABAQUS 是一套先进的通用有限元系统，也是功能最强大的有限元软件之一，其解决问题的范围从简单的线性分析到复杂的非线性问题。ABAQUS 有两个主要分析模块：ABAQUS/Standard 模块提供了通用的分析能力，如应力和变形、热交换、质量传递等；ABAQUS/Explicit 模块应用对时间进行显式积分求解，为处理复杂接触问题提供了有力的工具，适合于分析短暂、瞬时的动态事件。

3.3.1.1 仿真模型

基于碾压机构的实际结构建立的仿真模型见图 3-5，模型由碾压轮、压紧轮、支撑轮和板材组成。板材采用弹塑性体材料模型，依据模拟计算的精度要求，对模型进行网格划分，采用三维八节点六面体缩减积分单元 C3D8R，各轮体选择解析型刚体，对产生接触的物体满足无穿透条件，考虑摩擦关系和其他一些接触属性，在板材上施加速度约束，碾压轮可做上、下、左、右位置的调整并转动，压紧轮和支撑轮只有转动自由度。

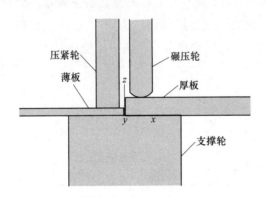

图 3-5　碾压仿真模型

3.3.1.2 仿真基本参数

机构的基本几何参数见表 3-1，材料性能参数见表 3-2。

表 3-1　碾压轮与板材的几何参数

碾压轮	直径	$50\sim300mm$
	轮厚	$2\sim5mm$
	轮缘	圆弧（$R=2.5mm$）
支撑轮	直径	290mm
	轮厚	10mm
	轮缘	直线
板材	厚板	$80mm\times20mm\times1.6mm$
	薄板	$80mm\times20mm\times2.5mm$

表 3-2 碾压轮与板材性能参数

材料	类型	弹性模量/Pa	泊松比	密度/kg·m^{-3}
碾压轮	刚体	—	—	7800
板材	弹塑性体	$2.05×10^{11}$	0.29	7800

仿真中采用的主要工艺参数如下：碾压速度 $v = 6\mathrm{m/min}$，碾压深度 $\Delta h = 0.28\mathrm{mm}$，碾压位置 $l = 1.0\mathrm{mm}$。

3.3.2 碾压轮直径研究

从图 3-6 中可以看出，碾压轮直径的变化会带来碾压轮与板材接触面积的变化，因此直径增加会导致宽展和碾压力同时增大，而碾压力过大会引起机构变形等不利影响，因此需要确定合适的碾压轮直径。

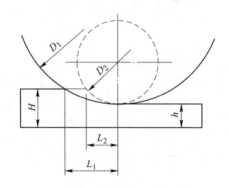

图 3-6 碾压轮直径的影响

仿真试验中采用的碾压轮宽度为 3mm，碾压轮直径在 50~300mm 之间变化，经过一系列的仿真分析，本书得到了碾压轮直径与宽展、碾压力、轴向力的关系（见图 3-7 和图 3-8）。从图 3-7 中可以看出随着碾压轮直径的增加，宽展逐渐增大，线图在 100~200mm 区间增幅较大，而在 50~100mm 区间和 200~300mm 区间增幅平缓。

结果分析：根据最小阻力原理，金属受到碾压后会优先向阻力最小的方向流动，碾压轮直径的增加使纵向阻力增大，因此金属更容易向横向，即宽度方向流动，从而带来更大的宽展。

碾压轮直径与碾压力、轴向力的关系见图 3-8，随着碾压轮直径的增加，碾压力和轴向力都在增大，其中碾压力的增幅更为明显。

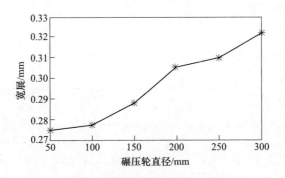

图 3-7 碾压轮直径与宽展的关系

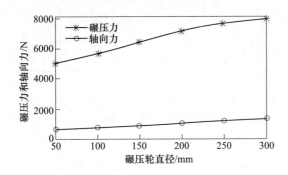

图 3-8 碾压轮直径与碾压力、轴向力的关系

结果分析：在碾压深度不变的情况下，碾压轮直径的增加带来与板材接触面积的增大，因此导致碾压力和轴向力的增大。

从上述分析结果可以看出，直径增加会导致宽展和力的增大，从宽展的角度来看，直径越大越好，但过大的碾压力与轴向力却增加了机构设计的难度，同时考虑经济性，碾压轮直径也不能过大，因此需要对碾压轮直径进行优化。

3.3.3 碾压轮厚度研究

在碾压过程中，碾压力、轴向力和牵引力同时作用在碾压轮上，因此对碾压轮的强度和刚度提出了较高要求。增加碾压轮厚度可以提高刚度，但同时会导致受力的增加，减小碾压轮厚度可以减小受力，但会带来刚度降低以及等量碾压深度下宽展量的减小，因此需要深入研究碾压轮厚度与碾压轮受力和宽展的关系。

为了研究碾压轮厚度的作用规律，将碾压轮直径（290mm）和其他影响板材变形规律的因素保持不变，只改变碾压轮厚度进行仿真分析。分析时采用的碾压轮厚度分别为 2mm、3mm、3.5mm、4mm、4.5mm、5mm。

　　图 3-9 为碾压轮厚度与宽展的关系，从图中可以看出，宽展与碾压轮厚度近似成正比关系。碾压轮厚度增加带来在相同的碾压深度下变形金属量的增加，因此导致宽展不断增加。图 3-10 为碾压轮厚度与碾压力、轴向力的关系，从图中可以看出，随着碾压轮厚度的增加，轮体与板材的接触面积增加，碾压力有较大增长，轴向力有小幅增加。

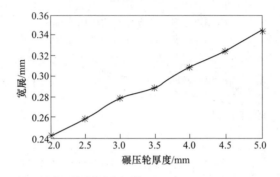

图 3-9　碾压轮厚度与宽展的关系

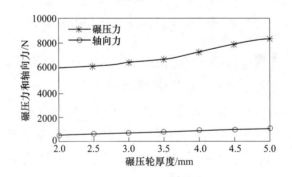

图 3-10　碾压轮厚度与碾压力、轴向力的关系

　　碾压轮厚度有两方面的影响，一方面厚度增加轮体刚度和宽展增加，另一方面会导致碾压力和轴向力增大，因此需要综合考虑来确定碾压轮厚度的优化值。

3.3.4　碾压轮轮缘形貌研究

　　轮缘是碾压轮与板材直接接触的部分，轮缘形貌是否合理，将直接影响对板材的碾压效果。碾压轮受力、金属流动方向、宽展量和宽展形貌等都与碾压轮轮缘形貌有关，因此有必要对碾压轮轮缘形貌进行设计。

轮缘设计的目标为：碾压力较小，轴向力较小或平衡；宽展量、宽展形貌合适；压痕过渡均匀；厚板对薄板无覆盖等。

碾压轮厚度越大碾压力也越大，同时在板材上留下的压痕也越宽，因此碾压轮厚度不能设计的过大。由于碾压轮的厚度较小，因此过分复杂的轮缘形貌意义不大，本书参照图 3-11 进行轮缘形貌分析。

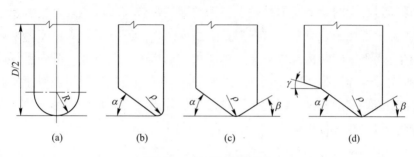

图 3-11　碾压轮轮缘形貌

圆弧形轮缘形貌（见图 3-11（a））是最简单的轮缘形貌，加工工艺性好，同时左右对称，有利于减小轴向力，但考虑到厚板碾压边缘对近焊缝侧和远焊缝侧要求的差异，演变成图 3-11（b）~（d）所示的各种非对称形式，图中各参数意义如下：

（1）成型角 α：轮缘近焊缝侧的角度称为成型角，成型角越大，碾压过程中板材材料隆起也越大，不利于增加宽展和提高焊接速度，同时影响跟踪效果，所以 α 角应有一个上限。反之，α 角过小，碾压轮与板材的接触面积增大，碾压力会随之也增大。所以，对于中等强度的材料，一般取 $\alpha = 20° \sim 30°$，对于较软的材料，α 可取较大的数值。厚度小于 0.5mm 的薄板，对成型角更为敏感，成型角过大过小都会发生翘起或起皱。因此本书认为，厚度小于 0.5mm 的薄板不适合采用碾压工艺。

（2）整形角 β：碾压轮轮缘远离焊缝侧的角度称为整形角，整形角可以控制远离焊缝一侧的压痕的形状和表面粗糙度，对于中等强度的材料，一般取 $\beta = 25° \sim 35°$。

（3）端部圆角半径 ρ：ρ 的数值一般由经验确定，ρ 过大碾压力增加，ρ 过小容易出现板边翘起。对于较硬的材料，ρ/D 可取 0.015 ~ 0.03，较软材料可取的大一些。为了防止和减小板材隆起，有时采用前部多一段平顺角 γ 的碾压轮（见图 3-11（d））。

经过上述分析，本书选取图 3-11（d）的轮缘形貌，成型角 α 取 25°，整形角 β 取 30°，端部圆角半径 ρ 取 1mm。

3.4　碾压轮结构参数优化

碾压过程中的金属变形是一个复杂的非线性过程，碾压效果受碾压轮的结构参数、碾压工艺参数、材料属性、温度条件、摩擦润滑等诸多因素影响和制约，而碾压轮结构参数对宽展和碾压力的影响更为直接。激光拼焊设备中碾压单元与焊接单元同步运动，留给碾压单元的空间有限，但对碾压轮的强度和刚度要求却较高，因此碾压轮结构设计的优劣直接影响碾压质量，对碾压轮结构参数进行优化具有重要意义。

人工神经网络是一种旨在模仿人脑结构及其功能的信息处理系统。它具有很强的适应复杂环境的能力，对多目标控制有很好的自学能力，善于处理非线性和非结构化问题并且可以以任意精度逼近任意非线性函数。基于神经网络的上述特征，本书将神经网络模型运用到机构优化中，结合有限元模拟技术对碾压轮结构参数进行优化。

目前已有上百种神经网络模型被提出，代表性的网络模型有感知机网络模型、BP 网络、RBF 网络、双向联想记忆（BAM）模型、Hopfield 模型等。这些网络模型的输入向量都可为矢量，相应的输出样本向量也为矢量，而有些网络模型的输入、输出向量可为矩阵，如 BP 网络和 RBF 网络等。矩阵样本可以实现对多输入、多输出复杂映射关系的模拟，本书采用 RBF 神经网络对碾压轮结构参数与碾压力和宽展间的关系进行模拟与预测。

3.4.1　RBF 人工神经网络

径向基函数（RBF）人工神经网络是以函数逼近理论为基础构造的一类前向网络，该网络的学习等价于在多维空间寻找训练数据的最佳拟合平面。RBF 神经网络的每一个隐层都构成拟合平面的一个基函数，网络也因此得名。RBF 神经网络适合于多变量函数逼近，只要中心选择得当，仅需很少的神经元就能获得很好的逼近效果，而且计算量较小，学习速度较快，已广泛应用于在线控制和参数逼近。

3.4.1.1 径向基函数（RBF）神经网络的结构

径向基函数（radial basis function，RBF）是一个非线性函数，它具有两个向量参数 x 和 c。其中 x 是它的自变量，c 是一个目的常数向量，这一函数形成网络的中心（见图 3-12）。当 c 不断变化时，它的轨迹是一个椭圆，$\phi(x-c)$ 就是径向基函数。用 RBF 作为神经元函数的网络成为径向基函数神经网络（RBFNN）。

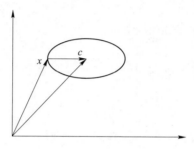

图 3-12　RBF 示意图

最基本的 RBF 神经网络的构成包括 3 层（见图 3-13），每一层有着完全不同的作用。输入层由一些感知单元组成，它们将网络与外界环境连接起来；第二层是网络中仅有的一个隐层，它的作用是从输入空间到隐层空间进行非线性变换，在大多数情况下，隐层空间有较高的维数；输出层是线性的，它为作用于输入层的激活模式提供响应。输入层到隐层之间的权重固定为 1，只有隐层到输出层之间的权重可调。

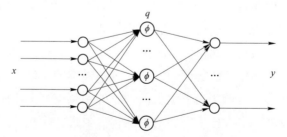

图 3-13　RBF 网络结构图

3.4.1.2 RBF 网络输出计算

设输入 n 维向量 x，输出 m 维向量 y，输入/输出样本对长度为 L，则 RBF

神经网络隐层第 i 个节点的输出为：

$$q_i = R(\|x - c_i\|) \tag{3-20}$$

式中，c_i 为第 i 个隐节点的中心，$i = 1, 2, \cdots, h$；$\|\cdot\|$ 通常为欧氏范数；$R(\cdot)$ 为 RBF 函数，具有局部感受的特性。

网络输出层第 k 个节点的输出为隐节点输出的线性组合：

$$y_k = \sum_i w_{ki} q_i - \theta_k \tag{3-21}$$

式中，w_{ki} 为 $q_i \rightarrow y_k$ 的连接权；θ_k 为第 k 个输出节点的阈值。

3.4.1.3　RBF 的学习算法

设有 p 组输入/输出样本 x_p/d_p，$p = 1, 2, \cdots, L$，定义目标函数：

$$J = \frac{1}{2} \sum \|d_p - y_p\|^2 = \frac{1}{2} \sum_p (d_{kp} - y_{kp})^2 \tag{3-22}$$

学习的目的是使 $J < \varepsilon$；式（3-22）中，y_p 是在 x_p 输入下网络的输出向量。RBF 网络的学习方法一般包括以下两个不同阶段：

（1）隐层基函数中心的确定阶段。常见的方法有随机选取固定中心法、中心自主选择法等。

（2）径向基函数权值学习调整阶段。常见方法有中心监督选择法、正则化严格插值法等。

3.4.2　碾压轮结构参数优化过程

碾压轮的结构参数主要包括：直径、厚度、轮缘形貌等，其对碾压力、宽展有较大影响。如果通过仿真试验来获得数据，每次仿真试验需要几十个小时，而且每次试验只能获得一组数据，因此通过仿真获得大量样本数据的时间成本巨大。本书拟在仿真试验获得的有限样本的基础上，利用神经网络建立碾压轮结构参数与碾压力、宽展间关系的预测模型，从而为优化提供丰富的样本空间，然后在大样本空间内对结构参数进行优化。碾压轮结构参数的优化过程见图 3-14。

3.4.2.1　拉丁超立方抽样，仿真数据的获得

宽展是碾压追求的主要目标，碾压力和轴向力是结构设计的重要参数，为简化问题，鉴于轴向力和碾压力相比要小得多，确定宽展和碾压力为优化

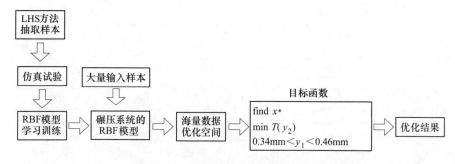

图 3-14 碾压轮结构参数优化过程

指标, 影响优化指标的因素主要有两个: 碾压轮直径和碾压轮宽度。依据碾压轮的刚度要求以及其在拼焊板上形成压痕的宽度限制, 确定碾压轮宽度的取值范围为 1~8mm, 考虑到碾压轮的结构以及工作空间要求, 确定碾压轮半径的取值范围为 50~200mm。

为实现用有限的采样数据反映随机变量的整体分布, 本书采用拉丁超立方抽样 (latin hypercube sampling, LHS) 来抽取样本, LHS 是一种多维分层抽样方法, 最早由 M. D. McKay 等提出, Stein 给出了数学化的表述。LHS 方法主要由以下几个步骤组成:

(1) 定义参与计算机运行的抽样数目 N;

(2) 把每一次输入等概率地分成 N 列, 并有:

$$x_{i0} < x_{i1} < x_{i2} < x_{i3} < \cdots < x_{in} < \cdots < x_{iN}, \text{ 且有 } P(x_{in} < x < x_{in+1}) = \frac{1}{N}$$

(3) 对每一列仅抽取一个样本, 各列中样本 bin 的位置是随机的, 使相互独立的随机变量的采样值的相关性趋于最小。

为保证试验的代表性, 本书对每个因素用 LHS 方法抽取了 20 个水平, 并对其进行仿真试验。试验参数为: 碾压速度 $v = 6\text{m/min}$, 碾压深度 $\Delta h = 0.28\text{mm}$, 碾压位置 $l = 0.7\text{mm}$。试验结果见表 3-3。

表 3-3 仿真试验结果

水平 \ 项目	碾压轮半径 /mm	碾压轮宽度 /mm	宽展 /mm	碾压力 /N
1	173.25	2.93	0.358	5036
2	113.75	3.98	0.398	6301

续表 3-3

水平　　　　项目	碾压轮半径 /mm	碾压轮宽度 /mm	宽展 /mm	碾压力 /N
3	61. 25	1. 18	0. 193	3224
4	136. 25	4. 68	0. 381	7320
5	128. 75	7. 48	0. 441	10399
6	68. 75	3. 28	0. 322	4784
7	121. 25	6. 78	0. 388	8582
8	106. 25	7. 13	0. 355	11199
9	98. 75	1. 88	0. 305	4408
10	76. 25	7. 83	0. 378	10669
11	166. 25	2. 23	0. 455	4910
12	91. 25	5. 73	0. 395	8252
13	181. 25	1. 53	0. 331	4909
14	83. 75	5. 38	0. 356	7433
15	151. 25	6. 08	0. 452	12089
16	188. 75	5. 03	0. 455	10439
17	53. 75	3. 63	0. 332	4949
18	143. 75	2. 56	0. 412	5343
19	158. 75	4. 33	0. 394	7485
20	196. 25	6. 43	0. 567	11669

3.4.2.2　RBF 预测模型的建立

神经网络是一种黑箱建模工具，可以在对现实系统一无所知的情况下，仅借助于输入和输出数据，透过数学技巧来决定系统的模式。将表3-3中的数据作为输入样本（input）和目标输出矢量（output），设定均方误差（goal）、径向基函数的分布（spread）等基本参数后，进行 RBF 的训练和学习，学习过程完成后，该网络模型就记忆和模拟了碾压系统的模式，这样就可以利用该神经网络进行碾压参数的预测。

3.4.2.3　结构参数的优化

碾压的目的在于用较小的碾压力获得足够的宽展，也就是说宽展并非越大越好，它取决于间隙的大小、板厚以及工艺参数等，对于采用剪切下料方法（精度 0.1mm/1000mm），最大焊缝长度 2300mm 的激光拼焊生产线，需补偿的间隙范围即需产生宽展的有效范围为 0.34~0.46mm。

确定目标函数为：

$$\begin{cases} \text{find}x^* \\ \min T(y_2) \\ 0.34\text{mm} < y_1 < 0.46\text{mm} \end{cases}$$

式中　y_1——宽展量；

　　　y_2——碾压力。

将碾压轮半径和宽度在其取值范围内各自均匀地取 100 个数据，代入神经网络模型，获得 10000 组样本数据，根据目标函数，在样本数据中寻找最优，得到结果为：碾压轮半径 145.7mm，碾压轮宽度 4.12mm，对优化结果进行圆整确定碾压轮的结构参数为：碾压轮半径 145mm，碾压轮宽度 4mm。表 3-4 为 RBF 模型预测结果与仿真结果的对比，可以看出结果比较接近。

表 3-4　结果对比

项目 结果种类	碾压轮宽度 /mm	碾压轮半径 /mm	宽展 /mm	碾压力 /N
预测结果	4	145	0.412	6522
有限元结果			0.423	6651

3.5　碾压工艺研究

本节依据碾压轮结构参数优化结果重新建立了仿真模型，并对碾压工艺进行仿真试验研究。碾压的目标是理想的宽展量与宽展形貌（见图 3-15），本节将研究碾压深度（碾压力）、碾压位置和碾压速度对碾压过程的影响。

碾压是在厚板边缘沿厚度方向对金属进行挤压，被挤压金属的流动遵循以下条件和理论：

（1）体积不变条件：在金属加工变形中，认为变形前后体积不变。在实际加工中，由于组织的压实与金属内裂纹等的影响，金属密度是有变化的，但这种微小的变化是可以忽略的。

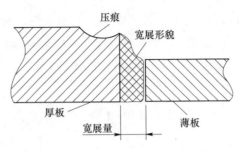

图 3-15　理想的宽展量与宽展形貌

（2）最小阻力定律：如果物体在变形过程中其质点有向各个方向流动的可能，则物体各质点将向阻力最小的方向流动。

3.5.1　碾压深度研究

碾压深度是影响碾压塑性变形的重要因素之一，同时与碾压力、轴向力和牵引力密切相关。为了研究碾压深度对碾压过程的影响规律，本书固定了其他工艺参数（碾压速度 $v = 6\text{m/min}$，碾压位置 $l = 1.0\text{mm}$），只调整碾压深度（$0.1 \sim 0.5\text{mm}$）进行仿真试验。为排除剪切误差对分析的影响，忽略接边的剪切误差，设定板材对接边缘为理想的平面，碾压轮轮缘形状为对称圆弧。

有限元分析的碾压位移变形见图 3-16，图中可以看出网格变形均匀，无畸变，宽展方向的变形量最为明显。图 3-17 为碾压深度与宽展的关系曲线，图中宽展随碾压深度的增加而增大，其趋势近似呈成正比例关系。

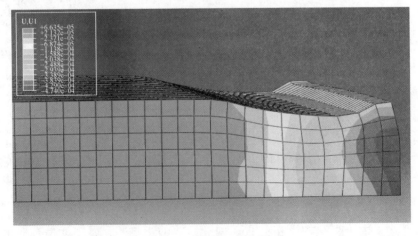

图 3-16　碾压位移变形图（碾压深度 0.4mm）

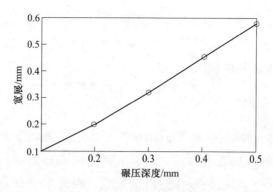

图 3-17　碾压深度与宽展的关系

碾压深度与碾压力的关系见图 3-18，随着碾压深度的增加，碾压力不断增加，但其增幅减缓，这种趋势与板材的应力-应变关系曲线是一致的。图 3-19 为碾

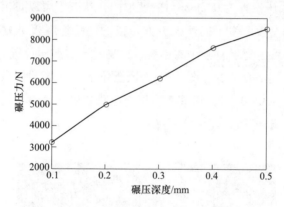

图 3-18　碾压深度与碾压力的关系

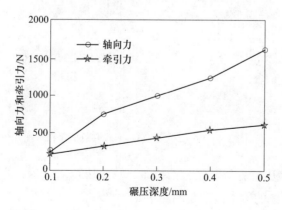

图 3-19　碾压深度与轴向力和牵引力间的关系

压深度与轴向力、牵引力之间的关系。随着碾压深度的增加，轴向力和牵引力都有增加的趋势，这种增加是由于接触面积增加和应力变大导致的，其变化规律与碾压力变化规律相似。

3.5.2　碾压位置研究

碾压位置是指碾压轮中间平面距离焊缝中心的轴向距离，本书定义远离焊缝方向为正值，反之为负值。由于负碾压位置显然不利于产生向焊缝方向的塑性流动，同时会使碾压轮严重偏载，因此本书只研究正碾压位置的影响。本书选择碾压位置在 0~3mm 区间变化，碾压速度为 7m/min，碾压深度为 0.2mm，在此基础上研究碾压位置对宽展量、宽展形貌以及碾压力的影响。

图 3-20 为碾压位置为 0.2mm 时的变形图，从图中可以看出，碾压轮靠近厚板边缘碾压时厚板产生了向薄板上方覆盖的趋势，厚板下方有少量的扭曲变形并回缩，导致了宽展有减小的趋势，可见过小的碾压位置（小于 0.5mm）产生的宽展形貌是不合适的。图 3-21 为碾压位置与宽展的关系，从图中可以看出，碾压位置在 0~0.5mm 区间，宽展有下降趋势，之后转为上升趋势，大约在 1mm 位置达到峰值，随后又下降。

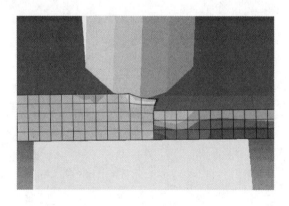

图 3-20　碾压位置为 0.2mm 时的变形图

图 3-22 为碾压位置与碾压力的关系，从图中可以看出，碾压位置对碾压力影响较小，曲线的平均波动范围在 300N 左右。

图 3-23 为碾压位置与轴向力之间的关系图，碾压位置在 0~1.5mm 区间

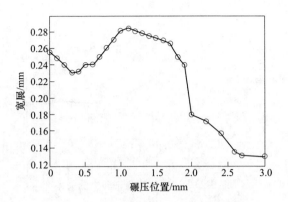

图 3-21　碾压位置与宽展的关系

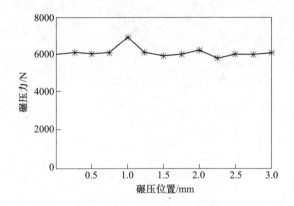

图 3-22　碾压位置与碾压力的关系

轴向力下降趋势明显，在 1.5~2mm 区间下降趋势变缓，2mm 以后区域稳定。由于在近焊缝位置碾压时，碾压轮缘两侧与板材接触不平衡，导致轴向力较大，随着碾压位置的增加，两侧轴向力趋于平衡后，轴向力在 300N 附近波动。

在前面研究中本书提到的宽展是指平均宽展，在试验过程中，发现宽展在厚度方向上是有量的区别的，也就是说宽展有不同的形貌。本书的研究表明宽展形貌主要与碾压位置有关，为研究宽展形貌与碾压位置的关系，对单块板材进行碾压试验，碾压参数同前，为区别沿厚度方向不同位置的宽展量，对板材端面进行编号，编号顺序见图 3-24。

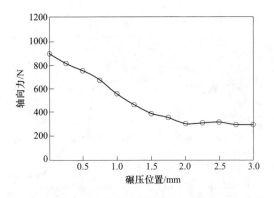

图 3-23　碾压位置与轴向力的关系

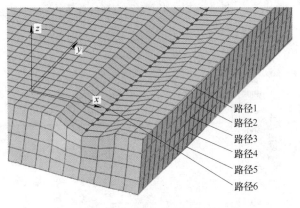

图 3-24　变形位置示意图

对不同碾压位置进行碾压仿真试验，产生的宽展形貌见图 3-25，可以看出不同碾压位置的宽展形貌是有区别的，在 0mm 位置处碾压产生的宽展上部大下部小，在 0.7mm 位置碾压时宽展比较均匀，在 1.0mm 位置时下部宽展较

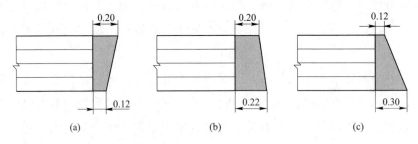

图 3-25　不同碾压位置的宽展形貌

（a）$s=0$mm；（b）$s=0.7$mm；（c）$s=1.0$mm

大并有较大的平均宽展量。对于不等厚板激光拼焊，下部宽的宽展形貌是较合适的。综上所述，本书认为 1mm 位置为理想的碾压位置。

3.5.3 碾压速度研究

碾压单元的工作位置在焊接单元的前方，并安装在同一个工作台上，因此碾压速度与焊接速度相同，焊接速度的常用范围是 5～15m/min，因此本书在此范围内来模拟速度对碾压的影响。碾压位置取 1mm，碾压深度取 0.3mm，其他参数同前。图 3-26 为碾压速度 5m/min 时的变形图，厚板碾压后产生了均匀的压痕，同时向焊缝方向产生了延展，缝隙得到了弥补。薄板接边局部受到挤压有少量变形，两板底部平齐，无错配现象。

图 3-26　碾压变形图

图 3-27 为碾压速度与宽展的关系图。从图中可以看出，随着碾压速度的提高宽展有所减小，即碾压速度对宽展有一定的影响。碾压速度实际上反映了碾压轮与板材的作用时间，速度快即作用时间短，会导致变形不充分，因此会引起宽展量的减小。

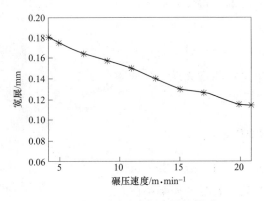

图 3-27　碾压速度与宽展的关系

　　图 3-28 为碾压力与碾压速度之间的关系图。从图中可以看出，碾压速度对碾压力的影响有限。

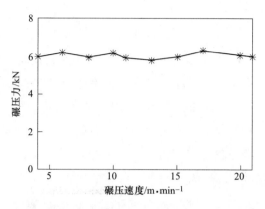

图 3-28　碾压速度与碾压力的关系

3.6　碾压机构结构设计及碾压轮组件刚度分析

　　碾压轮装置通过碾压厚板边缘，令其产生塑性变形。并且在该过程中，既要保证足够的碾压力，又要能够承担一定的轴向力。所以在设计碾压机构时，对碾压机构的性能要注意以下事项：

　　（1）受激光拼焊生产线空间限制，碾压轮组件机构必须紧凑，碾压轮做成薄壁结构；

　　（2）对接边局部进行碾压，要求机构刚度高、可靠性好、可适应长时间高压力的工作；

　　（3）碾压轮轴采用两端支撑，保证碾压过程碾压轮位置精度。

图 3-29　碾压机构整体结构图

3.6.1　碾压机构结构设计

　　碾压机构整体结构图见图 3-29，该碾压机构包括设置在钢板上部的框架组件与钢板下部的支撑轮组件。框架组件内部还包括传动机构和碾压轮组件。

该结构框架组件包括主框架，主框架侧面的蜗杆支架，还有主框架内部两侧的两个滑块（见图 3-30）。

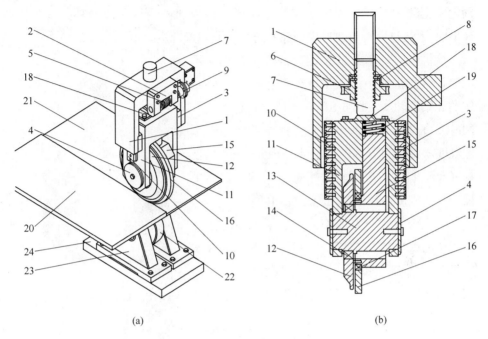

(a)   (b)

图 3-30 碾压机构整体结构剖面图

（a）整体结构图；（b）剖面图

1—主框架；2—蜗杆支架；3—滑块；4—轴端挡圈；5—蜗杆；6—蜗轮；7—螺杆；8—推力轴承；
9—联轴器；10—导轨；11—碾压轮框架；12—碾压轮；13—碾压轮轴；14—碾压轮轴承；
15—压紧轮空心轴；16—压紧轮；17—压紧轮轴承；18—垫板；19—弹簧；20—厚钢板；
21—薄钢板；22—支撑轮；23—轴承座；24—底板

传动机构包括电机，与此电机通过联轴器相连接且安装在蜗轮支架上的蜗杆，与此蜗杆相啮合的蜗轮，在主框架上与蜗轮相啮合的螺杆，在蜗轮上端面与主框架下表面之间的推力轴承。

碾压轮组件包括主框架内部的碾压轮框架，碾压轮框架上部的垫板，碾压轮框架两侧的导轨，碾压轮框架内部的压紧轮轴，通过压紧轮轴承设置在压紧轮轴上的压紧轮，碾压轮框架上的碾压轮轴，碾压轮轴上的碾压轮。

对一组不等厚钢板，即厚钢板与薄钢板在进行激光拼焊过程中，碾压机构随着焊接单元和焊缝跟踪单元同步运动，电机为伺服电机，电机带动蜗杆传动和螺杆传动组成的增力传动系统产生足够的碾压力，压紧轮和碾压轮同步下压，依靠调整弹簧产生合适的压紧力；在碾压过程中实时检测间隙的宽度，调整伺服电机控制碾压量，碾压轮碾压厚钢板产生合适的金属延展，压紧轮防止薄钢板产生翘曲，支撑轮保证厚钢板和薄钢板下表面平齐（见图3-30）。上述过程可有效补偿间隙并防止错配现象产生。

　　该机构的一个非常关键的部件就是用于不等厚板激光拼焊中的碾压机构采用大空心轴结构的压紧轮轴（见图3-31），该压紧轮轴为上部圆柱实心轴体和下部中空轴体的组合体，上部圆柱实心轴体和下部中空轴体的轴线互相垂直，这样设计避免了碾压轮采用悬臂结构，提高了碾压轮的刚度以及碾压的稳定性和可靠性。

　　该机构的另一大优势是用于不等厚板激光拼焊中的碾压机构由伺服电机、蜗轮、蜗杆和螺杆等组成传动系统，可实现较大的碾压力，同时实现反行程自锁，并可以根据需要精确调整压下量。

图 3-31　压紧轮轴结构示意图

3.6.2　碾压机构主要零部件强度计算

3.6.2.1　螺杆强度计算

A　螺杆结构参数设计

　　滑动螺旋的损耗和多个参数相关，在这些参数当中螺纹工作面承受的载荷最为重要，随着载荷增大，螺旋副间的磨损越严重。表面质量、润滑特性等条件可忽略。所以校核螺杆的抗磨损性能，重点以螺纹工作面上受到的载荷 p 为主要研究参数，目的是为了让它不超过材料的许用压力 $[p]$。

　　已知碾压机构的零部件螺杆在轴向方向受到载荷 F，螺纹中径为 d_2，螺纹工件圈数为 $u=H/P$，起作用螺纹的高度为 h，螺纹的承压面积为 A，螺距为 P，螺母起到作用的高度为 H，以上各参数长度单位 mm，载荷单位 N。那么起作用部分的螺纹承受载荷需要满足式（3-23）。

$$p = \frac{F}{A} = \frac{F}{\pi d_2 h u} = \frac{FP}{\pi d_2 h H} \leqslant [p] \tag{3-23}$$

将式 $\varphi = H/d_2$，以及 $H = \varphi d_2$ 替代上式部分参数，从而可以得到式（3-24）所示的螺杆螺纹中径的设计标准：

$$d_2 \geqslant \sqrt{\frac{FP}{\pi h \varphi[p]}} \qquad (3\text{-}24)$$

因为该碾压装置需要有自锁功能，所以需要螺杆螺纹两侧均受力，故传动螺纹中只能单向受力的锯齿形螺纹不可采用，又因矩形螺纹牙根承受能力差，螺旋副在磨损后，传动精度降低，间隙不容易补偿和修复，因此要用牙根强度高、对中性好、工艺性好的梯形螺纹，对于梯形螺纹，$h = 0.5P$，则：

$$d_2 \geqslant 0.8\sqrt{\frac{F}{\varphi[p]}} = 0.8\sqrt{\frac{6542.5}{1.5 \times 20 \times 10^6}} = 11.81\text{mm} \qquad (3\text{-}25)$$

式中 F——由前述优化结果可知，取值为 6542.5N；

$[p]$——材料的许用压力，取值为 20×10^6MPa；

φ——一般取 1.2~3.5，这里取值为 1.5。

根据式（3-25）算得螺纹中径 d_2 后，选取相应的公称直径 $d = 20$mm，螺距 $P = 4$mm，牙型角为 30°。

以上确定了零部件螺杆的部分尺寸，然而在该碾压装置中，还要求螺杆能够自锁，所以还需对其螺旋副进行相应的计算，通过式（3-26）可得到螺纹升角：

$$\varphi \leqslant \varphi_v = \arctan\frac{f}{\cos\beta} = \arctan f_v \qquad (3\text{-}26)$$

$$\varphi = 1.5 \leqslant \varphi_v = \arctan\frac{0.09}{\cos 15°} = 5.323°$$

式中 f——摩擦系数，这里取值为 0.09；

β——牙侧角，其值为牙型角的一半，所以为 15°；

φ_v——当量摩擦角；

f_v——螺旋副的当量摩擦系数；

φ——螺纹升角。

因此，满足自锁条件。

B 螺杆强度校核

碾压机构作业时，螺杆会承担大部分碾压机碾压过程中的载荷，需要校核其强度，保证其在组合变形及复杂应力情况下，能保持一定稳定。由结构分析可知，该种条件可使用第四强度理论，如式（3-27）所示。

$$\sigma_{ca} = \sqrt{\sigma^2 + 3\tau^2} = \sqrt{\left(\frac{F}{A}\right)^2 + 3\left(\frac{T}{W_T}\right)^2} \leqslant [\sigma] \tag{3-27}$$

$$d_2 = d - 0.6495P = 20 - 0.6495 \times 4 = 17.40 \text{mm} \tag{3-28}$$

$$d_1 = d - 1.0825P = 20 - 1.0825 \times 4 = 15.67 \text{mm} \tag{3-29}$$

$$T = \frac{1}{2}d_2 F \tan(\varphi + \varphi_v) = \frac{1}{2} \times 17.40 \times 6542.5 \times \tan(1.5° + 5.323°)$$

$$= 6810.44 \text{N} \cdot \text{mm} \tag{3-30}$$

$$A = \frac{1}{4}\pi d_1^2 = \frac{1}{4} \times \pi \times 15.67^2 = 192.85 \text{mm}^2 \tag{3-31}$$

$$W_T = A\frac{d_1}{4} = 192.82 \times \frac{15.67}{4} = 755.37 \text{mm}^3 \tag{3-32}$$

$$\sigma_{ca} = \sqrt{\sigma^2 + 3\tau^2} = \sqrt{\left(\frac{6542.5}{192.85}\right)^2 + 3\left(\frac{6810.44}{755.37}\right)^2}$$

$$= 37.35 \text{MPa} \leqslant [\sigma] = 75 \text{MPa}$$

式中　　$[\sigma]$——螺杆材料的许用应力，MPa；

　　　　F——螺杆所受的轴向压力（或拉力），N；

　　　　T——螺杆所受的扭矩，N·mm；

　　　　d_1——螺杆螺纹小径，mm；

　　　　A——螺纹螺杆段的危险截面面积，$A = \frac{\pi}{4}d_1^2$，mm²；

　　　　W_T——螺杆螺纹段的抗扭截面系数，$W_T = \frac{\pi d_1^3}{16} = A\frac{d_1}{4}$，mm³。

通过式（3-27）代入数值求得结果，得到螺杆危险截面应力 σ_{ca}，可以看出其完全满足要求。

C　螺母性能校核

碾压装置碾压时，螺杆螺纹牙受力较大，会出现挤压等情况，所以对螺母仅仅校核螺纹牙部分强度即可。

对于本机构中使用的螺母零件，配合螺杆使用，由螺纹大径 D 处开始，使一圈螺纹铺开为悬臂梁模型，宽度可由 πD 计算得出。在每一圈螺纹工作过程中，受到平均约 F/u 大小的载荷，这些力近似的看作施加在以螺纹中径 D_2 为直径的圆周上，在危险截面处，螺纹牙剪切强度校核公式为：

$$\tau = \frac{F}{\pi D b u} \leqslant [\tau] \tag{3-33}$$

弯曲强度校核公式为:

$$\sigma = \frac{6Fl}{\pi D b^2 u} \leqslant [\sigma_b] \tag{3-34}$$

$$l = (D - D_2)/2 \tag{3-35}$$

$$\sigma = \frac{6 \times 6542.5 \times 1}{\pi \times 20 \times 2.6^2 \times 12} = 7.70 \leqslant [\sigma_b] = 40$$

式中　　b——螺纹牙根部的厚度, mm (对于梯形螺纹, $b = 0.65P$);

　　　　P——螺纹螺距;

　　　　l——弯曲力臂, mm;

　　　　$[\tau]$——螺母材料的许用切应力;

　　　　$[\sigma_b]$——螺母材料的许用弯曲应力, MPa。

从计算结果看, 螺母具备一定的强度且符合要求。

D　螺杆的稳定性计算

碾压装置中螺杆受到压力, 并且长度与直径比值较大, 极有可能会出现失稳现象, 所以需要得到该轴向压力 F 的临界值, 得到不发生失稳的条件, 也就是螺杆承受的轴向力 F 必须小于临界载荷 F_{cr}。则螺杆的稳定性条件为:

$$S_{sc} = \frac{F_{cr}}{F} \geqslant S_s \tag{3-36}$$

式中, S_s 为螺杆稳定性安全系数, 对于传导螺旋, $S_s = 2.5 \sim 4.0$, 对于传力螺旋, $S_s = 3.5 \sim 5.0$; 对于精密螺杆或水平螺杆, $S_s > 4.0$; S_{sc} 为螺杆稳定性的计算安全系数; F_{cr} 为螺杆的临界载荷, N; 基于螺杆的柔度 λ_s 值利用相应的式子运算, $\lambda_s = \frac{\mu l}{i}$, 此处 μ 为螺杆的长度系数, i 为螺杆危险截面的惯性半径, mm, 如果螺杆一端用螺母承受时, 就用螺母中间区域到另一处支点的长度作为工作长度 l, l 为螺杆的工作长度, mm, 如果螺杆两端同时支承, 那令两个支承点的长度作为工作长度 l; 假设螺杆危险截面面积 $A = \frac{\pi}{4} d_1^2$, 则:

$$i = \sqrt{\frac{I}{A}} = \frac{d_1}{4}$$

$$\lambda_s = \frac{\mu l}{i} = \frac{0.75 \times 85}{3.875} = 16.45 < 40 \qquad (3\text{-}37)$$

采用欧拉公式，可以得到其临界载荷 F_{cr}，也就是 $F_{cr} = \dfrac{\pi^2 EI}{(\mu l)^2}$。

式中　E——螺杆材料拉压弹性模量，$E = 2.06 \times 10^5 \text{MPa}$；

　　　I——螺杆危险处截面的惯性矩，$I = \dfrac{\pi d_1^4}{64}$，$\text{mm}^4$。

因为 $\lambda_s < 40$，所以不必进行稳定性校核。

3.6.2.2　蜗轮蜗杆强度计算

初步预选蜗杆头数为 2，设计的蜗轮蜗杆的正常作业寿命为 3 年，每年作业时间 300 天，每天作业时间为 12h。

A　选择蜗杆传动类型

根据 GB/T 10085—1988 的推荐，采用渐开线蜗杆（ZI）。

B　选择材料

选择蜗杆螺旋齿面硬度为 45～55HRC，经过表面淬火处理。蜗杆用 45 钢，蜗轮采用铸锡磷青铜 ZCuSn10P1，金属模具铸造。

C　按齿面接触疲劳强度进行设计

已知本课题中选用的为闭式蜗轮蜗杆传动，依照相关的标准，首先通过该部分零件齿面接触疲劳强度选取部分尺寸大小，最终通过齿根弯曲的疲劳强度计算公式进行校核。

$$m^2 d_1 \geq K T_2 \left(\frac{480}{Z_2 [\sigma_H]} \right)^2 \qquad (3\text{-}38)$$

（1）确定作用在蜗轮上的转矩 T_2：

$$T_2 = \frac{T_1}{\eta_{丝}} = \frac{6810.44}{0.6} \approx 11350.73 \text{N} \cdot \text{mm} \qquad (3\text{-}39)$$

（2）确定载荷系数 K：

由工作的实际情况取齿向载荷分布系数 $K_\beta = 1.45$；由于碾压设备电机启动不频繁，选取使用系数 $K_A = 1.15$；由于蜗轮转速较低，取动载系数 $K_V = 1.0$；则：

$$K = K_A K_\beta K_V = 1.15 \times 1.45 \times 1.0 \approx 1.67 \qquad (3\text{-}40)$$

（3）确定弹性影响系数 Z_E：

因选用的是铸锡磷青铜和钢蜗杆相配，故 $Z_E = 160\mathrm{MPa}^{1/2}$。

（4）设计蜗轮齿数和蜗杆头数：

预先选定蜗杆头数为 2 头；蜗轮齿数为 29。

齿数比：

$$u = \frac{z_2}{z_1} = \frac{29}{2} = 14.5$$

当蜗杆为主动时，传动比：

$$i = \frac{n_1}{n_2} = u = 14.5 \tag{3-41}$$

丝杠转速：

$$n' = 45\mathrm{r/min}$$
$$n_2 = n' = 45\mathrm{r/min}$$
$$n_1 = n_2 i = 45 \times 14.5 = 652.5\mathrm{r/min}$$

（5）确定许用接触应力：

ZI 型蜗轮的基本许用应力 $[\sigma_H]' = 268\mathrm{MPa}$，应力循环次数：

$$N = 60 j n_2 L_h \tag{3-42}$$

式中　n_2——蜗轮转速，$\mathrm{r/min}$；

L_h——工作寿命，$L_h = 3 \times 300 \times 12 = 10800\mathrm{h}$；

j——蜗轮每运行一个周期，每个轮齿与蜗杆进行啮合的次数，$j = 1$。

$$N = 60 j n_2 L_h = 60 \times 1 \times 45 \times 10800 \approx 2.92 \times 10^7$$

寿命系数：

$$K_{HZ} = \sqrt[8]{\frac{10^7}{N}} = \sqrt[8]{\frac{10^7}{2.92 \times 10^7}} \approx 0.87 \tag{3-43}$$

则：

$$[\sigma_H] = K_{HN} \cdot [\sigma_H]' = 0.87 \times 268 = 233.16\mathrm{MPa} \tag{3-44}$$

（6）计算 $m^2 d_1$：

$$m^2 d_1 \geqslant 1.67 \times 11350.73 \times \left(\frac{480}{29 \times 233.16}\right)^2 \approx 95.53\mathrm{mm}^3 \tag{3-45}$$

结合实际工作情况，选择 ZI 型蜗轮蜗杆模数 $m = 2\mathrm{mm}$，蜗杆分度圆直径 $d_1 = 35.5\mathrm{mm}$，分度圆导程角 $\gamma = 3°13'28''$。

D　蜗杆与蜗轮的主要选用参数与几何尺寸

（1）中心距：

$$a = \frac{d_1 + d_2}{2} = \frac{35.5 + 2 \times 29}{2} = 46.75 \text{mm} \tag{3-46}$$

（2）蜗杆：

轴向齿距：

$$p_\text{a} = \pi m = \pi \times 2 \approx 6.28 \text{mm} \tag{3-47}$$

直径系数：

$$q = \frac{d_1}{m} = \frac{35.5}{2} = 17.75 \tag{3-48}$$

齿顶圆直径：

$$d_\text{a1} = d_1 + 2h_\text{a}^* m = 35.5 + 2 \times 1 \times 2 = 39.5 \text{mm} \tag{3-49}$$

分度圆导程角：

$$\gamma = 3°13'28''$$

蜗杆轴向齿厚：

$$s_\text{a} = \frac{1}{2} \pi m = \frac{1}{2} \times \pi \times 2 \approx 3.14 \text{mm} \tag{3-50}$$

（3）蜗轮：

蜗轮分度圆直径：

$$d_2 = m z_2 = 2 \times 29 = 58 \text{mm} \tag{3-51}$$

蜗轮喉圆直径：

$$d_\text{a2} = d_2 + 2h_\text{a2} = 58 + 2 \times 2 \times (1 + 0) = 62 \text{mm} \tag{3-52}$$

蜗轮齿根圆直径：

$$d_\text{f2} = d_2 - 2h_\text{f2} = 58 - 2 \times 2 \times (1 + 0.2) = 58 - 4.8 = 53.2 \text{mm} \tag{3-53}$$

蜗轮咽喉母圆半径：

$$\gamma_\text{g2} = a - \frac{1}{2} d_\text{a2} = 46.75 - \frac{1}{2} \times 62 = 15.75 \text{mm} \tag{3-54}$$

E　校核齿根弯曲疲劳强度

$$\sigma_\text{F} = \frac{1.53 K T_2}{d_1 d_2 m} Y_\text{Fa2} Y_\beta \leqslant [\sigma_\text{F}] \tag{3-55}$$

当量齿数：

$$z_{V2} = \frac{z_2}{\cos^3\gamma} = \frac{29}{\cos^3 3°13'28''} \approx 29.14 \tag{3-56}$$

根据 $z_{V2} = 29.14$，齿形系数 $Y_{Fa2} = 2.58$。

螺旋角影响系数：

$$Y_\beta = 1 - \frac{\gamma}{140°} = 1 - \frac{3°13'28''}{140°} \approx 0.98 \tag{3-57}$$

许用弯曲应力：

$$[\sigma_F] = [\sigma_F]' \cdot K_{FN} \tag{3-58}$$

取蜗轮的基本许用弯曲应力 $[\sigma_F]' = 40MPa$。

寿命系数：

$$K_{FN} = \sqrt[9]{\frac{10^6}{N}} = \sqrt[9]{\frac{10^6}{2.92 \times 10^7}} \approx 0.69 \tag{3-59}$$

$$[\sigma_F] = [\sigma_F]' \cdot K_{FN} = 40 \times 0.69 = 27.6MPa$$

$$\sigma_F = \frac{1.53 \times 1.67 \times 11350.73}{35.5 \times 58 \times 2} \times 2.58 \times 0.98 \approx 17.81MPa \leqslant [\sigma_F]$$

所以得出结论齿根弯曲疲劳强度满足要求。

F　效率 η

$$\eta = (0.95 \sim 0.96)\frac{\tan\gamma}{\tan(\gamma + \varphi_V)} \tag{3-60}$$

已知 $\gamma = 3°13'28'' \approx 3.22444°$；$\varphi_V = \arctan f_V$；$f_V$ 与相对滑动速度 v_s 有关。

$$v_s = \frac{\pi d_1 n_1}{60 \times 1000\cos\gamma} = \frac{\pi \times 35.5 \times 652.5}{60 \times 1000 \times \cos 3.2244°} \approx 1.21m/s \tag{3-61}$$

用插值法求得 $f_V = 0.040$；$\varphi_V = 2°26'$。则：

$$\eta = (0.95 \sim 0.96)\frac{\tan\gamma}{\tan(\gamma + \varphi_V)} = 0.95 \times \frac{\tan 3.2244°}{\tan(3.2244° + 2°26')} \approx 0.54$$

G　主要设计结论

蜗杆头数为 2 头，模数 $m = 2mm$，蜗轮齿数为 29，蜗杆分度圆直径 $d_1 = 35.5mm$，分度圆导程角 $\gamma = 3°13'28''$，传动比 $i = 14.5$。

3.6.2.3　电动机选型计算

查机械设计手册可得，角接触球轴承传递运动的效率 $\eta = 99\%$，推力球轴

承传递运动的效率 $\eta = 98\%$，联轴器传递运动的效率 $\eta = 99\%$。

$$\eta = \eta_{联} \cdot \eta_{推} \cdot \eta_{角} \cdot \eta_{蜗} \cdot \eta_{丝} = 0.99 \times 0.98 \times 0.99 \times 0.54 \times 0.6 \approx 0.31$$

A　计算负载惯量和负载转矩

$$J_L = J_1 + J_c + i^2 \left[J_2 + W \left(\frac{P}{2\pi} \right)^2 \right] \tag{3-62}$$

$$T_L = \frac{\mu m g + F}{2\pi\eta} \times P \times i \tag{3-63}$$

式中　J_1——小蜗杆轴的转动惯量，$kg \cdot m^2$；

J_c——联轴器的转动惯量，$kg \cdot m^2$；

J_2——蜗轮的转动惯量，$kg \cdot m^2$；

P——丝杠的螺距，m；

i——丝杠到电机的传动比；

μ——摩擦因数；

F——轴向荷重；

η——进给传动系统总效率；

W——可移动部分的总质量，kg。

可移动部分的总质量：

$$W = \frac{6542.5}{10} = 654.25 kg$$

小蜗杆轴的转动惯量：

$$J_1 = \frac{\pi\rho}{32} \times (L_1 D_1^4 + L_2 D_2^4 + L_3 D_3^4 + L_4 D_4^4) \tag{3-64}$$

$$J_1 = \frac{\pi \times 7870}{32} \times (0.030 \times 0.015^4 + 0.057 \times 0.017^4 + 0.014 \times 0.022^4 + 0.045 \times 0.009^4)$$

$$= 0.076 \times 10^{-4} kg \cdot m^2$$

TGL 联轴器的转动惯量：

$$J_c = \frac{1}{8} M D^2 = \frac{1}{8} \times 0.278 \times 0.048^2 = 0.80 \times 10^{-4} kg \cdot m^2 \tag{3-65}$$

大蜗轮的转动惯量：

$$J_2 = \frac{\pi\rho}{32} \times (L_1 D_1^4 + L_2 D_2^4 + L_3 D_3^4) \tag{3-66}$$

$$J_2 = \frac{\pi \times 8300}{32} \times (0.02 \times 0.053^4 + 0.013 \times 0.04^4 + 0.018 \times 0.03^4)$$

$$\approx 1.68 \times 10^{-4} kg \cdot m^2$$

则负载惯量:

$$J_L = 0.43 \times 10^{-4} + 0.80 \times 10^{-4} + \left(\frac{1}{14.5}\right)^2 \times \left[1.68 \times 10^{-4} + 654.25 \times \left(\frac{0.004}{2\pi}\right)^2\right]$$

$$= 1.24 \times 10^{-4}\text{kg} \cdot \text{m}^2$$

B 将丝杠压力转换到电动机轴上的负载转矩 T_L

查机械设计手册,得到钢和青铜的滑动摩擦系数 $\mu = 0.15$。

$$T_L = \frac{\mu Wg + F}{2\pi\eta} \times P \times i = \frac{0.15 \times 654.25 \times 10 + 0}{2\pi \times 0.31} \times 0.004 \times \frac{1}{14.5}$$

$$\approx 0.139\text{N} \cdot \text{m}$$

C 电机容量选择

电动机的额定转矩:

$$T_e \geqslant \frac{T_L}{0.9} = \frac{0.139}{0.9} \approx 0.154\text{N} \cdot \text{m} \tag{3-67}$$

电机的惯量:

$$J_M \geqslant \frac{J_L}{3} = \frac{1.24 \times 10^{-4}}{3} = 0.41 \times 10^{-4}\text{kg} \cdot \text{m}^2 \tag{3-68}$$

初选伺服电机的额定转速为 3000r/min。则:

$$P_Z = \frac{T_L n}{9535.4\eta} = \frac{0.139 \times 3000}{9535.4 \times 0.31} \approx 0.14\text{kW} \tag{3-69}$$

选用符合选择工作要求的 A4 系列电动机 MQMA-02,额定扭矩为 0.64N/m,电动机惯量为 $0.42 \times 10^{-4}\text{kg} \cdot \text{m}^2$。

D 最短加速/减速时间

$$t_{AC} = \frac{2\pi(J_M + J_L)(n_1 - n_0)}{60(T_{AC} - T_L)} \tag{3-70}$$

加减速转矩:

$$T_{AC} = \frac{2\pi(J_M + J_L)(n_1 - n_0)}{60t_{AC}} + T_L \tag{3-71}$$

式中 t_{AC}——加速/减速时间,s;

J_M——伺服电动机惯性矩,kg·m²;

J_L——换算到电动机轴的负载惯性矩,kg·m²;

T_L——换算到电动机轴的负载转矩,N·m;

T_{AC}——加速/减速转矩，N·m；

n_1——最高转速，r/min；

n_0——最初始加速时的启动转速或减速终止转速，r/min。

$$t_{AC} = \frac{2\pi(0.42 \times 10^{-4} + 1.24 \times 10^{-4}) \times (3000 - 0)}{60 \times (1.91 - 0.139)} \approx 0.03s$$

若工作时加减速时间为 0.1s，伺服电机的加减速转矩为：

$$T_{AC} = \frac{2\pi(0.42 \times 10^{-4} + 1.24 \times 10^{-4})(3000 - 0)}{60 \times 0.1} + 0.139 \approx 0.66N·m$$

E　运行模式及热校核

假设运行模式见图 3-32，且 $t_1 = t_3 = 0.1s$，$t_2 = 1.8s$，一个工作周期时间 $t_x = 2s$。

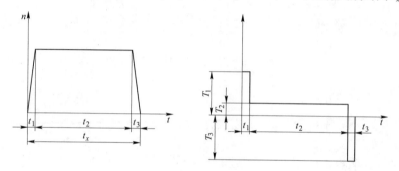

图 3-32　电机模式运行图

$$T_{rms} = \sqrt{\frac{T_1^2 \times t_1 + T_2^2 \times t_2 + T_3^2 \times t_3}{t_1 + t_2 + t_3}} \qquad (3-72)$$

$$= \sqrt{\frac{0.66^2 \times 0.1 + 0.139^2 \times 1.8 + 0.66^2 \times 0.1}{2}} = 0.35N·m$$

式中　t_1，T_1——伺服电动机启动时间（s）和加速转矩（N·m）；

t_2，T_2——伺服电机正常运行时间（s）和负载转矩（N·m）；

t_3，T_3——伺服电机工作时减速时间（s）和减速转矩（N·m）。

等效转矩 T_{rms} 小于所预选的伺服电机的额定转矩（$T_e = 0.64N·m$），可以用设定的运行模式连续工作。

F　最后选择结果

伺服电机：A4 系列伺服电动机 MQMA-02（0.2kW），额定扭矩 0.64N·m，额定转数 3000r/min。

3.6.3 碾压轮组件性能刚度分析

在激光拼焊中，由于加工误差、定位误差、夹紧误差与焊接误差等因素的影响，定位工序完成时，钢板间存在不均匀的间隙（见图3-33）。

由于间隙问题，在碾压板材过程中，碾压轮碾压到间隙时可能会因为刚度不足而发生侧偏现象，碾压系统必须具有足够的刚度才能保证压痕的位置和宽度

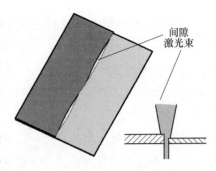

图3-33 不均匀焊缝间隙

的稳定，碾压轮组件作为碾压机构中的关键部件，在碾压过程中与板材直接接触，受力较大，容易变形发生侧偏，对碾压结果影响很大，所以要分析碾压轮组件的刚度。

3.6.3.1 有限元模型建模

先设置工作目录，然后将SW装配体模型导出为 . sat 文件，导入ABAQUS中。然后在 property 模块中创建材料属性和截面，并把截面赋予部件，拼焊板材料以汽车用钣材 SPC440 为例，SPC440的材料性能类似于国内 Q235-B，所以板材材料属性中弹性模量设置为 2. 10GPa，泊松比设置为 0. 274。其他框架、轮与轴等材料设置为 GCr15A，弹性模量为 2. 19GPa，泊松比为 0. 300，为了方便研究，轴承等零部件没有考虑在内。在 assembly 模块下，装配部件，默认部件位置同三维软件里的装配关系，模型装配见图 3-34，从图中可以看出本书已经对该模型进行了分割设置，以便在之后的分析中划分网格。

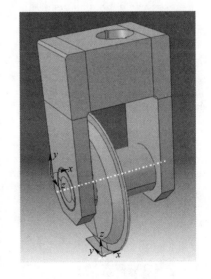

图3-34 仿真模型装配图

3.6.3.2　机构模型相互作用模块设置

在 Interaction 模块下，创建接触属性和稳定控制属性，切向接触属性采用 penalty，摩擦系数为 0.1，法向接触属性采用默认的硬接触，稳定控制属性中稳定控制因子设置为 0.05，创建接触对，并把属性赋予接触对，接触对设置初始调整容差，轴和孔之间调整容差 0.1，接触设置见图 3-35，左侧同理。

图 3-36 为碾压轮与板材之间接触设置，碾压轮与板材之间的调整容差设置为 0.02，设置调整容差是为了让它们初始就接触上，稳定控制是为了让接触分析更容易收敛。

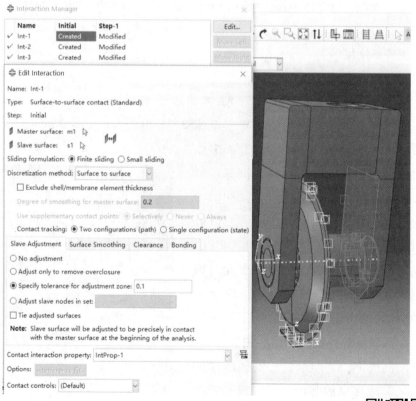

图 3-35　轴与孔之间接触设置

扫一扫看彩图

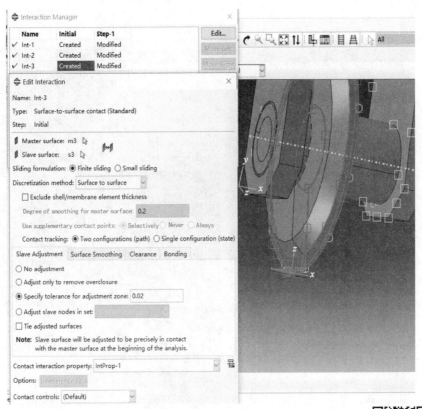

图 3-36 碾压轮与板材之间接触设置

扫一扫看彩图

如图 3-37 所示，碾压轮和轴之间创建绑定接触，其他配合部位为普通接触。首先创建接触或绑定的面，给定一个名称，然后创建接触或绑定时可以按名称选择相应的面。

3.6.3.3 机构模型载荷模块设置

如图 3-38 所示，在 Load 模块下，首先创建一个直角坐标系，便于设置边界条件，因为默认整体坐标系与模型不正交，采用三点法，即选择原点，x 轴上一点，xy 面上一点。框架顶部边界条件设置为在局部坐标系下约束 xy 方向的位移，只保留 z 向位移，板材四周进行全约束。

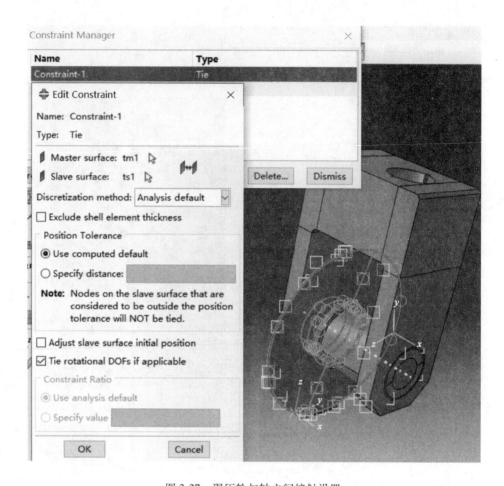

图 3-37   碾压轮与轴之间接触设置

载荷设置类型为 Pressure，选择为 Total Force，根据第三章优化结果，施加 650kgf❶（取整）的力于框架上表面。具体设置见图 3-39。

3.6.3.4   模型网格划分

在 Mesh 模块，切割部件，使它们都能划分为六面体，切割原则为：让实体能扫掠划分为六面体，划分方式为中轴算法，这样单元更规则，单元类型为 C3D8I，即非协调模式单元。图 3-40 为网格划分后机架模型。

---

❶ 1kgf = 9.80665N。

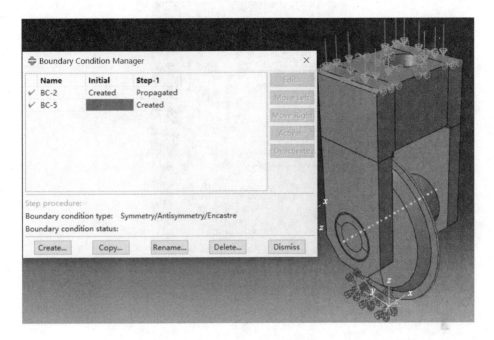

图 3-38 模型边界条件设置

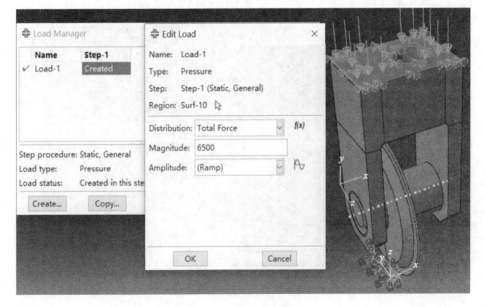

图 3-39 模型载荷设置

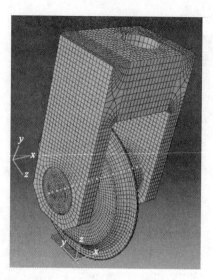

图 3-40　机架网格划分模型

3.6.3.5　有限元分析结果

后处理，查看结果。轮子发生侧偏，主要看碾压轮与板材接触之后的横向位移量，位移越大，侧偏越严重。加载之后碾压轮横向位移量见图 3-41。

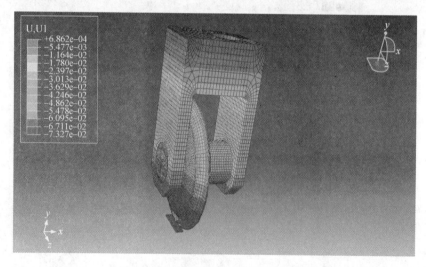

图 3-41　加载后碾压轮横向位移云图

从云图可以看出，该碾压轮组件最大横向位移为 0.073mm（为负值是因

为位移方向沿 x 轴负方向），横向位移数值在侧偏允许范围内，说明结构刚度符合要求。根据图 3-42 所示，板材在该碾压作用下也得到了理想的宽展，平均宽展量在 0.39mm 左右。

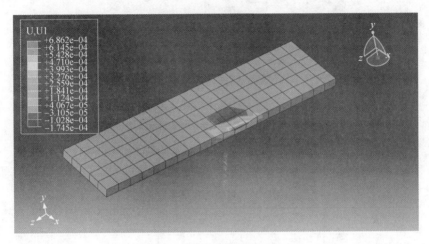

图 3-42　加载后板材横向位移云图

利用 ABAQUS 软件分析了碾压轮组件性能刚度，结果表明，在该碾压作用下板材平均宽展量在 0.39mm 左右，宽展量达到理想数值，碾压轮组件最大横向位移为 0.073mm，横向位移数值在侧偏允许范围内，该组件变形较小，证明结构刚度满足使用要求。

3.7　碾 压 试 验

3.7.1　试验设备与材料

主要试验设备是长焊缝激光焊接试验台（见图 3-43），实验台由定位压紧单元、传输单元、碾压单元、焊接单元以及跟踪检测单元和控制单元组成。试验台可完成料片的碾压成型及焊接加工，最大成型焊缝长度 1000mm。碾压轮直径 290mm，厚度 4mm，轮轴可提供 19000N 支撑力，碾压轮垂直方向的移动行程为 5mm。

试验材料是普通冷轧钢板（DC04），厚度为 1.6mm 和 2.5mm，材料的化学成分见表 3-5，力学性能见表 3-6。

图 3-43　长焊缝激光焊接试验台

表 3-5　材料的化学成分

元　素	C	Mn	P	S
质量分数/%	0.08	0.40	0.025	0.020

表 3-6　材料的力学性能

抗拉强度 σ_b/MPa	屈服强度 σ_s/MPa	伸长率 δ/%
270	120~210	40

3.7.2　试验步骤

为研究宽展的变化，试验采用规则间隙，试验前精铣板材接边以提高接边质量。碾压目标为：（1）间隙最大为 0.3mm 的料片在碾后间隙小于 0.05mm。（2）碾压后料片接触良好，满足激光焊接工艺要求。（3）压痕的位置和宽度稳定，料片焊缝清晰，便于跟踪。试验具体步骤见图 3-44。

3.7.3　试验结果与分析

3.7.3.1　碾压试验结果

对 1.6mm 和 2.5mm 的钢板，在不同间隙下进行碾压试验，调整碾压深度（碾压力），试验结果见表 3-7。

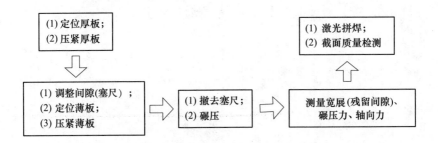

图 3-44 碾压试验步骤

表 3-7 碾压试验结果

编号	板材规格 /mm×mm	碾压力 /N	碾压深度 /mm	压痕宽度 /mm	压前间隙 /mm	压后间隙 /mm	宽展 /mm
1	400×350	5200	0.2	1.3	0.02	0.03	—
2	400×350	4800	0.2	1.25	0.1	0.02	0.08
3	400×350	4700	0.2	1.25	0.2	0.10	0.1
4	400×350	4900	0.2	1.24	0.3	0.15	0.15
5	400×350	5900	0.25	1.25	0.03	0.02	—
6	400×350	5700	0.25	1.3	0.1	0.03	0.07
7	400×350	5800	0.25	1.25	0.2	0.03	0.17
8	400×350	5600	0.25	1.25	0.3	0.10	0.20
9	400×350	6600	0.3	1.5	0.02	0.03	—
10	400×350	6000	0.3	1.3	0.1	0.03	0.08
11	400×350	6200	0.3	1.3	0.2	0.06	0.14
12	400×350	6300	0.3	1.25	0.3	0.08	0.22
13	400×350	7200	0.35	1.5	0.3	0.02	0.28

分析表 3-7 中数据可知:

(1) 随着碾压深度的增加, 碾压后残留间隙变小, 证明宽展随着碾压深度的增加而增大, 通过调整碾压深度可以适应不同的间隙。试验中对 0.3mm 以下的间隙, 通过调整碾压深度获得了满足要求的焊前焊缝。

(2) 通过对比相同碾压深度不同预留间隙条件下的碾压力可以看出, 随着预留间隙的增加碾压力略有减小, 证明变形助力是对碾压力有一定的反馈作用, 因此采用力控制更为合理。

（3）图 3-45 为通过试验数据拟合的宽展与碾压力的对应关系，可用于指导碾压工艺参数的设定。

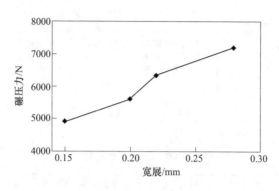

图 3-45　宽展与碾压力关系

3.7.3.2　碾压后的焊接试验结果

图 3-46 是对厚度为 1.6mm 和 2.5mm 的钢板碾压后的焊接结果，焊前间隙 0.2mm。焊接参数：激光功率 3.5kW，焊接速度 3.5m/min，离焦量−1mm。从图中可以看出，碾压压痕均匀、位置稳定，焊后焊缝较为饱满，各个截面形状一致。试验结果证明碾压技术对于较大间隙仍具有良好的补偿作用。

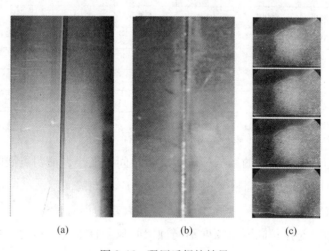

(a)　　　　　　　　(b)　　　　　(c)

图 3-46　碾压后焊接结果

（a）碾压效果；（b）焊接效果；（c）截面形貌

3.8 小 结

碾压技术是提高长焊缝激光拼焊焊前成型质量的有效方法之一。本章以仿真试验为基础，对碾压成型技术进行了深入研究。建立了碾压力计算的数学模型，并与仿真结果进行了比较，证明了模型的正确性；研究了碾压轮结构参数与碾压力和宽展的关系，为结构设计提供了理论依据；基于RBF神经网络对碾压轮结构参数进行了优化；对碾压工艺进行了研究，研究了碾压深度、碾压位置、碾压速度对碾压过程的影响；分析了碾压轮组件性能刚度，并进行了仿真试验，结果表明，在该碾压机构作用下板材平均宽展量达到理想数值，碾压轮组件横向位移较小，证明结构刚度满足使用要求；进行了含碾压工艺焊接试验研究，取得了良好的碾压效果和焊接效果。

参 考 文 献

[1] 陈东，赵明扬，朱天旭. 碾压机构碾压力计算方法及仿真 [J]. 机械设计，2011 (7)：60~64.

[2] 赵志业. 金属塑性变形与轧制理论 [M]. 北京：冶金工业出版社，2006.

[3] 王广春. 金属体积成形工艺及数值模拟技术 [M]. 北京：机械工业出版社，2010.

[4] 董军，胡上序. 混沌神经网络研究进展和展望 [J]. 信息与控制，1997，26 (5)：360~368.

[5] Darpa. Neural Network Study [M]. Lexington：MIT Lincoln Laboratory，1998.

[6] Kosko B. Adapative bidirectional associative memories [J]. Applied Optical，1987，26 (23)：4667~4680.

[7] Shun F S, Ted T, Hung T H. Credit assigned CMAC and its application to online learning robust controllers [C] //IEEE Trans On Wystems, Man, and Cybernetics Part B：Cybernetics，2003：202~213.

[8] Moody J, Darken C. Fast learning in networks of locally-tuned processing units [J]. Neural，1989，1 (2)：281~294.

[9] 张立明. 神经网络的模型及应用 [M]. 上海：复旦大学出版社，1995.

[10] 陈东，许敏，李治，等．不等厚板激光拼焊在线碾压机构碾压轮结构参数优化设计 [J]．中国机械工程，2019，30（7）：872~876.

[11] Poggio T，Girosi F. Regularization algorithm for learning that are equivalent to multilayer networks [J]．Science，1990，247（2）：978~982.

[12] 方开泰，王元．数论方法在统计中的应用 [M]．北京：科学出版社，1996：222~224.

[13] 刘纪涛，刘飞，张为华．基于拉丁超立方抽样及响应面的结构模糊分析 [J]．机械强度，2011，33（1）：73~76.

[14] 濮良贵，陈国定，吴立言．机械设计 [M]．北京：高等教育出版社，2013.

[15] 谢美群．装胎机构中螺旋传动的电动抓胎手设计 [J]．装备制造技术，2010，000（002）：53~55.

[16] 闻邦椿．机械设计手册（第3卷）[M]．6版．北京：机械工业出版社，2018.

[17] 曹金凤，石亦平．ABAQUS 有限元分析常见问题解答 [M]．北京：科学出版社，2009.

4 在线精刨技术

4.1 引 言

采用精剪下料的料片接边同时存在直线度误差和端面形貌误差，在对接后会出现局部间隙和 X 形接头（见图 4-1），对焊接质量有较大影响。

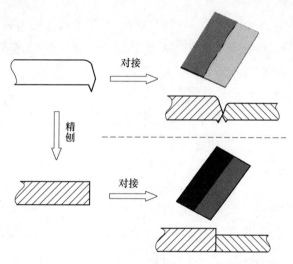

图 4-1 精刨的作用

为提高料片接边直线度和改善端面形貌，本书改变了传统的料片接边加工处理方式，提出了激光拼焊精刨技术，在焊接前，对薄板接边进行微切削量精刨加工。采用精刨技术不但可以提高料片接边直线度，而且加工后的焊接边可获得较好垂直面，不存在剪切加工后的圆角塑性变形、下部撕裂带以及毛刺等固有缺陷，具有对接后料片间隙小、上下间隙均匀性好等优点。

精刨技术的采用，降低了对前道工序的精度要求，减少了材料消耗，降低了生产成本，提高了拼焊工艺的灵活性，同时刨削加工方法容易实现在线操作。

拼焊板精刨工艺与传统精剪、碾压工艺相比具有如下优势：

（1）精刨工艺具有较高的直线度精度，直线度可达 0.02mm/m。

（2）精刨工艺具有更好的端面形貌，有利于提高焊前成型质量。

（3）精刨工艺具有更好的经济效益。传统精剪工艺，一般最少要求预留 3mm 加工余量，而精刨工艺的加工余量仅为 0.3mm 左右。

（4）精刨工艺维护成本较低，刀具调整更换方便。

（5）精刨工艺加工质量可控性更强。如可以根据焊接工艺特点，对大板厚差拼焊板件采用厚板焊接边上倒角工艺，降低焊接区厚度差，并形成焊缝的斜面过渡；可以对等厚钢板采用小上倒角工艺，提高焊缝跟踪精确度，保证焊接质量等。

（6）精刨工艺对钢板强度适应能力高。对于中高强度钢板，碾压工艺间隙补偿效果降低，传统精剪工艺刀具磨损加剧，导致加工成本大幅增加。因此，精刨工艺对高强度钢板的接边制备具有不可替代的作用。

4.2　精刨设备设计

4.2.1　设备的结构组成

拼焊板精刨设备（见图 4-2）由以下几部分组成：框架与支撑台、压紧机构、传动机构、定位机构、刀具单元（包括刀具及刀台等）以及控制系统。

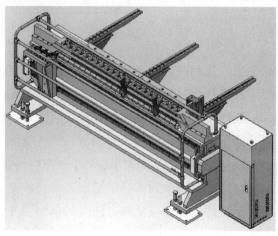

图 4-2　精刨设备

　　框架采用钢板焊接结构，为设备的其他部分提供支撑和安装基础，支撑台为钢板提供辅助支撑，防止料片挠曲。压紧机构（见图4-3）采用均布多气缸结构，为钢板提供均匀、可靠的高强度压紧，避免出现局部压紧力不均匀，引发刨削时钢板振动或退让。

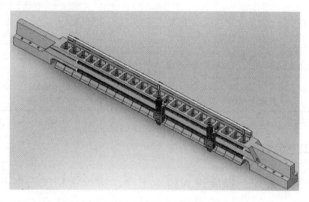

图4-3　定位压紧系统

　　传动系统由伺服电机、同步带和精密滚珠丝杠组成（见图4-4），为刨削刀具提供高速、高精度驱动，并提供退刀动作。定位机构采用气缸驱动，定位销定位，为钢板提供正向定位基准。

图4-4　传动系统

　　刀具及支架部分为刨削加工提供高寿命、低成本刀具组，并具备刨削加工需要的刀具微调整功能。控制系统控制设备的运行，协调各部分动作完成精刨作业。

　　拼焊板精刨设备的主要技术指标见表4-1。

表 4-1　精刨设备的主要技术指标

序号	项　目	指　标	备　注
1	刨削长度范围	200~2200mm	
2	刨削厚度范围	0.5~3.0mm	
3	加工直线度	0.05mm	全线
4	加工垂直度	0.02mm	
5	粗糙度	6.3μm	
6	最大刨削速度	24m/min	
7	单刀最大刨削进给量	0.5mm	

4.2.2　精刨工艺流程

料片接边经过常规处理后进入精刨工序，拼焊板精刨设备开机后进入工作准备状态：正向定位机构升起到工作位置；压紧机构抬起到待机位置；刨削传动机构调整为刨前待机位置。

工艺流程如下：

（1）刀具调整：刀具组由若干把刨刀组成，可整体换装，并通过专用量具调整进刀量，并可根据钢板厚度微调上倒角刀进刀量，以保证倒角大小。

（2）定位：将钢板放置在支撑台面上，并将待刨削边靠紧在定位基准销上。

（3）压紧及刨削：踩下操作踏板，压紧机构压紧钢板，同时定位基准销向下避让，刨削传动机构启动，带动刨削刀具一次完成高速刨削作业，然后刀具退回至待机位置，同时压紧机构松开，定位基准销升起。

（4）料片运输：压紧机构松开后可将料片直接送入下一工序。

4.3　精刨刀具研究

4.3.1　刀具类型和材料

4.3.1.1　刀具类型的选择

选择刀具类型要考虑工件材料、加工精度和生产批量等因素。激光拼焊板的材料为冷轧钢板，厚度范围为 0.5~3mm，长度一般在 2200mm 以内，通常采用横剪下料，直线度为 0.1mm/1000mm，生产批量为大批量生产。激光拼焊对料片接边的基本要求：直线度要求为全长范围内小于 0.05mm；加工面垂直度要求为小于 0.02mm，粗糙度要求为小于 6.3μm。剪切下料的长料片的直线度误差约为 0.2mm，考虑最小刨削余量，因此精刨工序的总余量约为 0.3mm，结合对粗糙度的要求，本书确定刀具类型为宽刃精刨刀。

4.3.1.2 刀具材料的选择

刀具材料选择得是否合理对生产效率有重要影响。硬质合金和高速钢是两种最常用的刀具材料，硬质合金的硬度比高速钢及其他工具钢要大，因此生产率也比较高，在能采用硬质合金的情况下应尽量采用。考虑加工对象的材料为中等强度的钢板以及平面精加工对刀具的要求，参照硬质合金的性能指标，本书选择采用硬质合金 YT05 或 TY15 制造的刀具。

4.3.2 刀具几何参数设计

刀具切削部分的材料确定之后，它的切削性能便由其几何参数决定。刀具几何参数包括：切削刃形状、前面形状、后面形状及刃区参数和刀具角度等内容。选择刀具合理几何参数才能充分发挥刀具材料效能，保证加工质量，提高生产效率、降低生产成本。宽刃精刨刀具的几何参数相对比较简单，主要包括前角、后角和刃倾角。

4.3.2.1 刀具的角度设计

A 前角

前角 γ 的主要功用是：在保证刃口和刀头具有一定强度和散热体积的情况下，使刀刃尽可能的锋利，以便在切削过程中增加刀刃的切割作用，减小前刀面推挤被切削层时切削区域内金属的塑性变形，减小切屑流出前刀面时的摩擦阻力，从而减小切削力、切削热和切削功率，提高刀刃的"切除成型"能力，提高刀具耐用度。

前角有正前角和负前角之分。取正前角的目的是为了减小切屑被切下时的弹塑性变形和切屑流出时与前面的摩擦阻力，从而可减小切削力和切削热，使切削轻快，提高刀具寿命，并提高已加工表面质量。所以，刀具应尽可能采用正前角。但前角过大时，导致楔角过小，会削弱切削刃部的强度并降低散热能力，反而会使刀具寿命降低。在一定的切削条件下，用某种刀具材料加工某种工件材料时，总有一个使刀具获得最高寿命的前角值，这个前角叫作合理前角。

刀具前角与被加工材料和刀具材料的力学、物理性能以及加工条件密切相关。拼焊板的材料属于中等强度的塑性材料，刀具材料硬质合金属于高强度、高韧性材料，结合精加工的加工性质，应选取较大的前角，取值范围在 $22° \sim 30°$。

B　后角

后角 α 是在刃截面内后刀面同切削平面之间的夹角。后角的主要功用是减少刃口及后刀面与工件加工表面之间的摩擦，减小刃口圆角半径，使刀刃锋利，同时可保证刀头具有足够的强度和散热体积。优选合理的后角，有利于获得较好的加工表面质量和较高的刀具耐用度。

任何刀具的刃口，无论怎样精细地刃磨研磨，都不是绝对尖锐锋利的，只要把刃口放大，就可看出，刃口处有一个小小的刃口圆角，它的半径为 ρ。通常新磨出来的工具钢刀具的 ρ 值为 $0.01 \sim 0.018$mm，硬质合金和陶瓷刀具的 ρ 值为 $0.018 \sim 0.032$mm。ρ 值大小还取决于刃口前角和后角，经验公式为 $\rho \approx 35 - 0.55(\alpha + \gamma)\mu$m，$\gamma$ 和 α 越大，ρ 值越小。

由于刃口圆角半径的存在，切削过程中的刀刃不仅有切割作用，也伴随有后刀面处的挤压现象（见图4-5），极薄的弹性恢复层（Δa）从刃口圆角下面滑过去，成为实际的切割分离面，它同刃口和后刀面发生较大的摩擦，使加工表面继续变形和硬化。这时，后角的大小，对加工表面的形成过程，对表面质量（粗糙度、硬化程度和表面应力状态）、刀具后刀面的磨损，都有直接的影响。在一定的条件下，后角的数值大小甚至可能上升为主要矛盾。

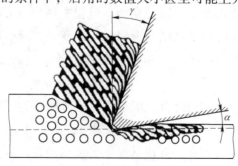

图4-5　刃口半径对切削的影响

从前面的分析得知，后角与加工表面质量密切相关，因此精加工时主要根据表面质量要求来选择合适的后角，综合考虑散热和钢板材料，暂定后角在 6°~10°之间选取。

C　刃倾角

刃倾角 λ_s 是在切削平面内刀刃同基面之间的夹角。斜角切削使流屑方向上的前角增大，切削轻快，当刀具切入工件表面时，刀具逐渐切入，切入时切削面由小变大，切出时切削面由大变小，减少了工件对切削刃的冲击，增加了切削平稳性，防止了扎刀和切削中的撕裂现象。切下的切屑成螺旋形状，易于排出，改善了刀具的散热条件。切屑有规则的排向待加工表面，保证已加工面不被划伤，实现加工后的低表面粗糙度。刃倾角不能过度地增大，刃倾角的增大会引起 z 向分力的增加，由于加工对象是薄板，过大的 z 向分力会带来薄板悬边的变形，同时引发振动等不利影响。通过对各方面的分析，本书认为刃倾角在 5°~10°之间取值是比较合适的。

4.3.2.2　刀具几何参数优化

本书利用 Abaqus 仿真软件建立了利用 YT15 刀具刨削 2mm 厚 Q235 钢板的三维模型（见图 4-6）。在上述初步确定的前角、后角和刃倾角角度的范围内，通过正交试验的方法，以模拟计算得出的刨削过程中刀具所受最大切削力反作用力的大小为衡量标准，对刀具的几何参数进行优化，并最终得出较优的前角、后角和刃倾角角度。

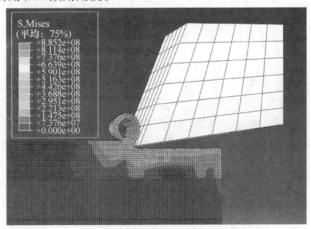

图 4-6　刨削 Q235 钢板三维模型

A　有限元仿真模型的建立

（1）材料本构关系。一个精确的材料本构模型能够真实可靠的模拟出在切削过程中金属切削层的物理变化。在众多本构模型中，本书选用应用较为广泛的 Johnson-Cook 本构方程来建立 Q235 的本构模型，具体数值见表4-2。

表4-2　Q235 材料的 J-C 模型参数

A/MPa	B/MPa	n	m	c
244.8	400	0.36	0.1515	0.0391

（2）切削参数及刀具几何参数设定。切削力大小的主要影响因素为刨削速度、单刀刨削进给量和刀具的几何参数。本书将刀具的刨削速度设定为 0.4m/s，单刀刨削进给量设定为 0.3mm。则影响切削力大小的因素为刀具的前角、后角和刃倾角，每个因素在初步确定的角度范围内取 3 个水平设定刀具的几何角度，见表4-3。

表4-3　刀具几何参数因素水平表

水平	前角 A	后角 B	刃倾角 C
1	22°	6°	5°
2	26°	8°	7°
3	30°	10°	10°

B　试验及结果分析

对表4-3中刀具的几何参数进行全因子模拟仿真，并提取 27 组相关试验数据，试验结果见表4-4，其中最大切削力 F 为切削过程中最大的 x、y、z 三个方向的切削分力的合力。

表4-4　Q235 刨削有限元模拟试验结果分析

序号	因素			最大切削力 F/N
	A	B	C	
1	1	1	1	990.86
2	1	2	1	1317.31
3	1	3	1	1033.30
4	1	1	2	1094.59
5	1	2	2	1061.99

序号	因　素			最大切削力
	A	B	C	F/N
6	1	3	2	1154.16
7	1	1	3	968.36
8	1	2	3	997.62
9	1	3	3	1010.34
10	2	1	1	1055.25
11	2	2	1	1093.41
12	2	3	1	1187.53
13	2	1	2	1126.39
14	2	2	2	1078.32
15	2	3	2	1269.26
16	2	1	3	1033.69
17	2	2	3	1000.59
18	2	3	3	1198.79
19	3	1	1	1081.87
20	3	2	1	1140.20
21	3	3	1	1269.84
22	3	1	2	1054.61
23	3	2	2	1202.18
24	3	3	2	1115.03
25	3	1	3	1284.46
26	3	2	3	1108.82
27	3	3	3	1151.61
K_1	9628.53	9690.08	10169.55	
K_2	10043.19	10000.44	10156.50	
K_3	10408.59	10389.87	9754.28	
k_1	1069.84	1076.68	1129.95	
k_2	1115.91	1111.16	1128.50	
k_3	1156.51	1154.43	1083.81	
极差	86.67	77.75	46.14	

对表 4-4 中试验数据进行分析，确定了 3 个因素对切削力大小影响的主次

顺序为 A>B>C。比较发现，当刀具前角为 22°、后角为 6°、刃倾角为 10°时总切削力最小，能够有效地提高刀具的使用寿命，为实际生产中量产刀具提供有效参考。

4.3.3 刀具结构与组合方式设计

4.3.3.1 可调刃倾角精刨刀设计

斜角切削具有进刀冲击小、切削平稳和排屑可控等优点，因此本书采用了带刃倾角的刀具。激光拼焊对料片接边的垂直度要求很高，因此对刀具刃磨精度提出较高的要求，而刃倾角的存在增加了刀具刃磨的难度，同时刃倾角需要变化以适应不同强度的材料，因此本书设计了刃倾角可调刀具。

刀具结构见图 4-7，刀架和刀杆采用了分体结构，刀片通过螺钉固定在刀架上，利用刀架旋转实现刀具刃倾角可调并通过紧定螺钉锁紧刀架，刀杆上安装有弹性缸套，保证刀杆具有合适的弹性以避免扎刀，这样刀片只需按零刃倾角刃磨即可，使用中可按照料片材料的强度调整刃倾角。通过使用该刀杆既降低了刀片的刃磨难度又提高了刃倾角选择的灵活性。

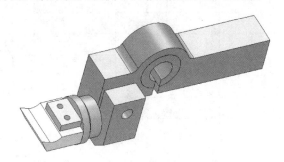

图 4-7　可调刃倾角精刨刀

4.3.3.2 刀具组合设计

根据最长料片的直线度误差（0.2 左右），结合精加工合理的切削深度（0.1~0.5mm），本书设计了双刀切削刀具组（见图 4-8），一次完成加工过程，同时配合倒角刀处理毛刺问题。双刀采用反刃倾角，使 z 向力部分抵消，解决了薄板悬边对 z 向力的敏感问题。倒角刀在处理毛刺问题的同时，增加了拼焊工艺的灵活性，如在大板厚差拼焊时，可通过采用大倒角来降低厚板厚度，从而提高焊接速度。

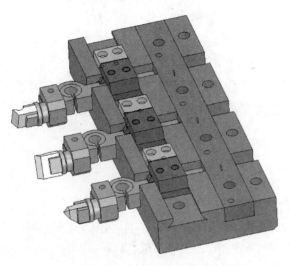

图 4-8 精刨刀具组合

4.4 精刨技术的在线实现方式

对于采用激光束固定料片运动焊接方案的激光拼焊生产线，精刨技术可以比较方便的融入生产工序中。如图 4-9 所示，可将精刨工序布置在定位工位前面，料片可采用定位销定位并实现切削量的调整，直接利用焊接穿梭工作台实现料片夹紧和刨削运动，精刨结束后，料片经过二次定位继续进行焊接及下料等操作。采用在线精刨技术，极大降低了对前道工序的精度要求，降低了生产成本，提高了生产效率和拼焊板的质量。

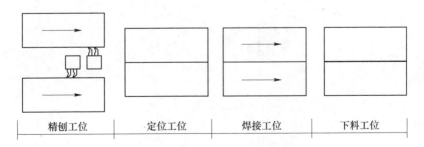

图 4-9 激光拼焊生产线布局

4.5 小　　结

本章研究了适用于激光拼焊薄板的精刨技术。研究了精刨设备的组成与功能，设计了设备的工作流程。研究了精刨刀具的几何参数，同时对刀具组合进行了设计，在此基础上对精刨技术的在线应用进行了探讨。

参 考 文 献

[1] 陈云. 现代金属切削刀具实用技术 [M]. 北京：化学工业出版社，2008.

[2] 罗春波. 刨边机的在线应用 [J]. 一重技术，2005，107 (5)：30~32.

[3] 苏炳昌. 大刃倾角机夹精光刨刀 [J]. 机械工人，1994，3：5.

[4] 林尧武. 带刃倾角宽刃弹簧刨刀 [J]. 机械制造，1983，2：13~14.

[5] 林莉，支旭东，范锋. 等. Q235B 钢 Johnson-Cook 模型参数的确定 [J]. 振动与冲击，2014，33 (9)：153~158.

[6] 冯明加，顾巨庆. 定前角可调刃倾角宽刃精刨刀 [J]. 机械制造，1983，8：26.

[7] 胡国强. 平面精刨刀 [J]. 现代制造工程，1983，5：35.

[8] 孙述军，顾祖慰. 新型机夹刨刀的开发和应用 [J]. 金属加工，2009，15：36~37.

[9] 屈绪良. 刨边切屑压坑产生原因及对策 [J]. 焊管，2001，24 (1)：57~58.

[10] 夏慧超，陈东，武广涛，等. 激光拼焊在线精刨技术研究 [J]. 辽宁科技大学学报，2020.

5 动态工艺补偿方法

5.1 引　言

　　焊前成型阶段残留的误差主要有料片接边位置误差和由料片接边几何误差导致的间隙，这两种误差将一直延续到焊中成型阶段。料片接边位置误差可以在焊接过程中利用焊缝跟踪技术得到补偿，而间隙问题则不能通过提高机构刚度、提高接边制备方法精度等方式来彻底解决，为消除或减小间隙对激光拼焊的影响，在焊中成型阶段，本书提出了动态工艺补偿方法。该方法可以用来解决间隙问题，因此我们将其归类为焊缝预成型方法之一。

5.2　补偿原理分析

5.2.1　焊接过程中金属的转移

　　见图 5-1（a），在焊中成型过程中，受表面张力、重力以及熔池流动性等因素影响，理论上厚板上方熔化的金属会向薄板上方以及焊缝间隙方向流动，焊接后形成见图 5-1（b）的理论焊缝，图 5-1（c）为焊接形成的实际焊缝。

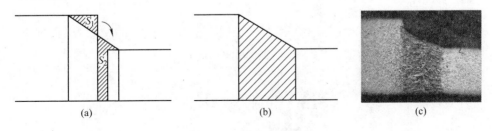

图 5-1　焊接过程示意图

（a）厚板多余金属的流动；（b）理想焊缝形状；（c）实际焊缝形状

　　由于激光拼焊板通常为不等厚板，厚板上方存在部分多余金属可用于补偿间隙的影响，而多余金属量会随着焊缝宽度、激光线能量和偏移量等工艺因素发生变化，这就为从工艺角度解决间隙问题提供了可能性。

5.2.2　工艺补偿作用试验

　　从上述分析可以看出，偏移量是影响可用于补偿金属量的主要因素之一，为验证光斑偏移量对焊缝质量的影响，本书在不同偏移量下，对厚度为1.5mm 与 2.5mm 的钢板组合进行了焊接试验，焊接材料是普通冷轧钢板（DC06）。焊接参数为：激光功率 3.5kW，焊接速度 5m/min，离焦量 −1mm，焊缝间隙 0.15mm。

　　焊接结果如图 5-2 所示，光斑偏移量为−0.2mm 时（见图 5-2（a）），激光熔化的金属量不足以填满间隙以形成平滑整齐的焊缝，焊缝余高不足，形成明显的焊缝表面凹陷；在无偏移量的情况下（见图 5-2（b）），焊缝表面略有凹陷；光斑偏移量为+0.2mm 时（见图 5-2（c）），得到的焊缝较为饱满，表面平顺。

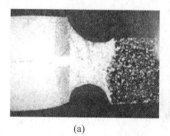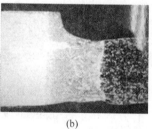

(a)　　　　　　　　　　　(b)　　　　　　　　　　　(c)

图 5-2　不同偏移量下的焊缝形貌

（a）偏移量：−0.2mm；（b）偏移量：0mm；（c）偏移量：+0.2mm

　　试验中的间隙是大于标准要求的，而通过偏移量的调整仍然可以得到形貌合格的焊缝，证明了工艺参数对间隙有明显的补偿作用。

5.3　间隙数学模型

　　焊接工艺补偿方法是通过工艺参数的优化来实现对间隙误差的补偿以及焊缝形状的控制，因此需要分析清楚间隙与工艺参数、板厚等因素间的关系。

　　图5-3表达了间隙与工艺参数、板厚等相关因素的关系，为简化问题，假设焊缝是均匀的，忽略焊缝上表面与母材接触处的过渡圆角，焊接前后密度无变化。根据体积不变原则，厚板上方被熔化金属的体积应该等于需补偿的焊缝间隙和薄板上方的体积，即：

$$S_1 \cdot l = S_2 \cdot l \tag{5-1}$$

式中　l——焊缝长度。

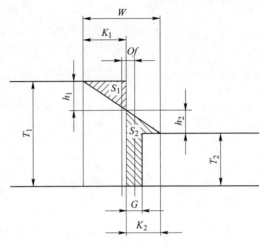

图5-3　间隙分析图

式（5-1）经简化得：

$$S_1 = S_2 \tag{5-2}$$

根据几何关系得到：

$$S_1 = \frac{1}{4}h_1(W + 2P - Of) \tag{5-3}$$

$$S_2 = \frac{1}{4}h_2(W - 2Of + G) + G \cdot T_2 \tag{5-4}$$

$$h_1 + h_2 = T_1 - T_2 \tag{5-5}$$

$$\frac{\frac{1}{2}(W + 2Of - G)}{h_1} = \frac{\frac{1}{2}(W - 2Of + G)}{h_2} \tag{5-6}$$

式中　G——焊缝间隙数值，mm；

W——焊缝宽度，mm；

Of——激光中心的偏移量（offset），mm；

T_1，T_2——厚板厚度和薄板厚度，mm。

由式（5-3）和式（5-4）得：

$$h_1 = \frac{T_1 - T_2}{1 + \frac{(W - 2Of + G)}{(W + 2Of - G)}} = \frac{(T_1 - T_2)(W + 2Of - G)}{2W} \qquad (5\text{-}7)$$

$$h_2 = \frac{(T_1 - T_2)(W - 2Of + G)}{2W} \qquad (5\text{-}8)$$

将式（5-7）、式（5-8）代入式（5-2）、式（5-3）、式（5-4）得：

$$S_1 = \frac{1}{4}h_1(W + 2Of - G) = S_2 = \frac{1}{4}h_2(W - 2Of + G) + G \cdot T_2$$

即：

$$\frac{(T_1 - T_2)(W + 2Of - G)}{2W}(W + 2Of - G)$$

$$= \frac{(T_1 - T_2)(W - 2Of + G)}{2W}(W - 2Of + G) + 4G \cdot T_2$$

整理得：

$$(T_1 - T_2)(W + 2Of - G)^2 = (T_1 - T_2)(W - 2Of + G)^2 + 8WT_2 \cdot G$$

$$(5\text{-}9)$$

解式（5-9）得：

$$G = \frac{2Of(T_1 - T_2)}{T_1 + T_2} \qquad (5\text{-}10)$$

即：

$$Of = \frac{G(T_1 + T_2)}{2(T_1 - T_2)} \qquad (5\text{-}11)$$

5.4　薄板最小熔宽分析

式（5-10）、式（5-11）体现了间隙、偏移量和板厚之间的关系，从中可以看出，间隙与偏移量成正比，采用大的正偏移量就可以补偿大的间隙，但事实上，偏移量并不可以无限增大。在激光总的熔化宽度（焊缝宽度 W）一定的条件下，正偏移量增加了熔化金属的总量，但同时导致了薄板熔化宽度（δ）减小，而薄板熔化宽度过小不利于焊缝组织的形成，甚至产生咬边和未熔合等问题，因此偏移量受到薄板最小允许熔宽的制约。薄板熔化宽度计算原理见图5-4。

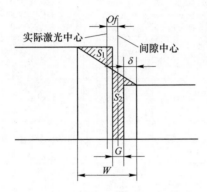

图 5-4　薄板熔化宽度计算原理

根据图 5-4 所示几何关系可得薄板熔化宽度：

$$\delta = \frac{W}{2} - \frac{G}{2} - Of > \delta_{\min} \tag{5-12}$$

式中　δ——薄板的熔化宽度，mm；

　　　$\delta_{\min}$——薄板最小熔化宽度，mm。

将式（5-10）、式（5-11）代入式（5-12）得：

$$Of_{\max} = \frac{(W - 2\delta_{\min})(T_1 + T_2)}{4T_1} \tag{5-13}$$

$$G_{\max} = \frac{2Of_{\max}(T_1 - T_2)}{T_1 + T_2} \tag{5-14}$$

式中　$Of_{\max}$——最大允许偏移量；

　　　$G_{\max}$——最大允许间隙。

由式（5-13）、式（5-14）可以看出，最大允许间隙是由焊缝宽度、薄板最小熔化宽度、板厚和偏移量共同决定的。为确定薄板最小允许熔宽，本书进行了如下偏移量调整试验，试验参数见表5-1。

表 5-1　焊接参数表

编号	材料	焊件规格 /mm	焊接参数			
			P /kW	v /m·min^{-1}	Def /mm	Of /mm
1	DC06	1.5 / 0.9	4.0	5.5	0	0.32
2		1.5 / 0.9	4.0	5.5	0	0.37
3		1.5 / 0.9	4.0	5.5	0	0.42
4		1.5 / 0.9	4.0	5.5	0	0.47
5		1.5 / 0.9	4.0	5.5	0	0.52
6		1.5 / 0.9	4.0	5.5	0	0.57
7		1.5 / 0.9	4.0	5.5	0	0.62

由于实验目的是确定薄板最小熔宽（最大偏移量），与焊缝一致性无关，所以只在每道焊缝中间的三个位置截取焊缝，进行焊缝截面形貌观测。

从表 5-2 的试验结果可以看出，偏移量增大到 0.42mm（序号 3）时薄板侧出现轻微咬边，偏移量为 0.47mm 时（序号 4），薄板侧出现严重咬边缺陷。根据对焊缝截面形状的测量，通过式（5-12）可以计算出 DC06 车用钢板的最小允许熔宽 δ_{min} 为 0.1mm 左右。经过对不同板厚、不同材料的钢板进行试验，可知薄板的最小熔宽主要与钢板的材料属性有关，该参数需试验测定。

表 5-2　偏移量试验结果

序号	偏移量/mm	截面 I	截面 II	截面 III
1	0.32			

序号	偏移量/mm	截面Ⅰ	截面Ⅱ	截面Ⅲ
2	0.37			
3	0.42			
4	0.47			
5	0.52			
6	0.57			
7	0.62			

5.5　平均焊缝宽度分析

5.5.1　焊缝宽度计算模型

式（5-14）表达了间隙与各参数间的关系，但模型中焊缝宽度尚未确定。Swifthook 在研究激光深熔焊穿透能力时建立了下面数学模型，该模型体现了焊接时平均焊缝宽度与激光能量、焊接速度、板厚以及材料属性的关系，在聚焦良好的情况下，该模型可以用于估算指定焊接条件下的平均焊缝宽度：

$$483P_{L}(1-r_{f}) = v\frac{W}{1000} \cdot \frac{T_1+T_2}{2000}\rho C_{P}T_{melt} \tag{5-15}$$

由式（5-14）经变换得：

$$W = 9.66 \times 10^8 \cdot \frac{P_{L}}{v} \cdot \frac{1}{T_1+T_2} \cdot \frac{1-r_f}{\rho C_{P}T_{melt}} \tag{5-16}$$

式中　P_{L}——激光功率，kW；

$\qquad r_{f}$——材料的反射率；

$\qquad v$——焊接速度，m/s；

$\qquad W$——平均焊缝宽度，mm；

T_1，T_2——厚板厚度和薄板厚度，mm；

$\qquad \rho$——材料的密度，kg/m^3；

$\qquad C_{P}$——材料的比热容，J/(kg·℃)；

$\qquad T_{melt}$——材料的熔化温度，K。

5.5.2　最佳线能量分析

从式（5-16）中可以看出，激光线能量是影响焊缝宽度的主要因素，因此在动态工艺补偿方法中，确定线能量是确定其他工艺参数的前提。

激光线能量（P_{L}/v）是激光功率和焊接速度的比值，线能量决定了焊接过程中单位时间单位长度上的能量输入量，是影响焊缝成型、表面质量以及焊接接头性能的重要参数。线能量过低容易导致焊不透，线能量过高会引起过熔（焊缝悬垂或烧穿），因此确定线能量的合理数值有利于准确控制焊缝成型过程和进一步提高焊缝表面质量。

为研究线能量的合理取值，对厚度为 0.9mm 和 1.5mm 的料片，在 Defocus＝0mm、Offset＝0mm、Gap＝0mm 的条件下，进行焊接试验，激光功率和焊接速度匹配值见表 5-3，表中有"√"标记的为得到合格焊缝的匹配值，合格条件为焊缝背面和正面焊缝宽度比不小于 0.4 的均匀熔透焊缝。

表 5-3　线能量试验表

项目		焊接速度/m·min⁻¹								
		3	3.5	4	4.5	5	5.5	6	6.5	7
激光功率/kW	2									
	2.5		√	√						
	3			√	√	√				
	3.5				√	√	√	√		
	4						√	√	√	

试验结果分析：

（1）在激光拼焊中，对于一定的材料和板厚组合，其适用的线能量有一定的窗口值，可通过试验的方法确定。

（2）在线能量合理的取值范围内，提高焊接速度、减少焊接线能量和热输入有利于提高焊接接头的综合力学性能。可以依据线能量图（见图 5-5），依据效率优先的原则选取激光线能量。

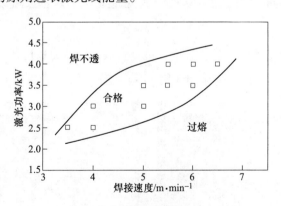

图 5-5　线能量试验结果

5.5.3　离焦量作用分析

本书定义厚板上平面处为离焦量的零位，高于厚板上平面为正离焦量，反之为负离焦量。为研究离焦量对焊接质量的影响，固定其他工艺参数（$P=$ 3.5kW，$v=5$m/min，Offset＝0mm，Gap＝0mm），离焦量取＋1.0mm、0 和 －1.0mm 三个数值。为验证大离焦量的影响，在 0 和＋6mm 离焦量下做了另外一组焊接试验。

　　图 5-6 为第一组焊接试验的试验结果，从图中可以看出，三组截面图的均匀性均较好，但截面形貌差距较大，＋1mm 离焦量的焊缝截面呈上面宽度较大的倒梯形，0 离焦量的焊缝截面上下宽度较为一致，－1mm 离焦量的焊缝背面宽度有所增加，整体呈 X 形。

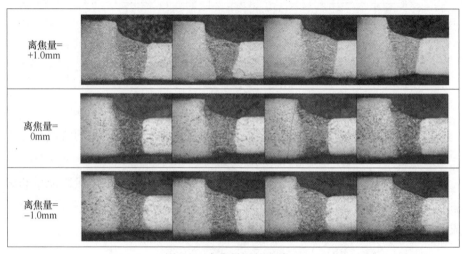

图 5-6　离焦量调整试验 I

　　图 5-7 为大离焦量的试验结果，可见在＋6mm 的大离焦量下，焊缝截面上下宽度差距很大，同时下表面出现了咬边缺陷。

图 5-7　离焦量调整试验 II　（由左至右：偏移量 0、＋6mm）

试验结果分析：

（1）从焊缝截面形状的变化规律可知，离焦量的位置影响到激光能量在焊缝内的分布，因此对焊缝截面形貌有较大影响，正离焦量会增加焊缝截面上表面的宽度，负离焦量相反。

（2）正离焦量可增加焊缝宽度，而负离焦量有利于增加熔深，离焦量绝对值过大时，激光功率密度下降较大，容易产生焊不透等缺陷。建议在（-1mm~+1mm）小范围内调整离焦量。

（3）从试验结果对比中可以看出，小范围内的离焦量变化对焊缝宽度的影响较小。

5.6 动态工艺补偿方法

在激光拼焊一号机上，工艺参数的确定是基于对平均焊缝间隙的评估，通过试焊接的方法来确定，采用的是固定工艺参数进行焊接（见图5-8），该模式存在明显问题。

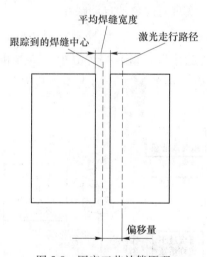

图 5-8 固定工艺补偿原理

在实际焊接过程中，焊缝跟踪的结果表明，焊缝中心并非直线，同时间隙的宽度在不同焊缝位置也是变化的（见图5-9），这些都导致采用固定工艺参数的补偿效果不佳，间隙的变化也是产生焊缝不均匀问题的主要原因之一，鉴于传统固定工艺参数焊接模式存在的问题，本书提出了动态工艺补偿方法。

动态工艺补偿方法基于对焊缝间隙和位置的实时跟踪测量。焊缝跟踪系

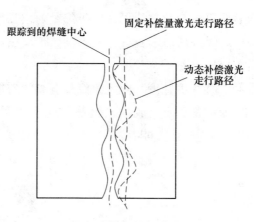

图 5-9　动态工艺补偿原理

统由视觉传感器、执行机构以及处理器组成。视觉传感器安装于激光焊接头的前端，与执行机构同时固定在 x 向直线跟踪单元上，可以实时监测板材间隙的几何尺寸，包括焊缝间隙与焊缝位置，并依据计算结果控制执行机构实时调整焊接头的路径，实现对焊缝的自动跟踪。

动态工艺补偿过程见图 5-10，首先要确定偏移量上线和评估最大允许间隙，然后就可以利用焊缝跟踪系统获得焊缝中心位置和间隙大小，通过本书的间隙计算模型求得应采用的偏移量的大小，从而实现对间隙的精确动态补偿。

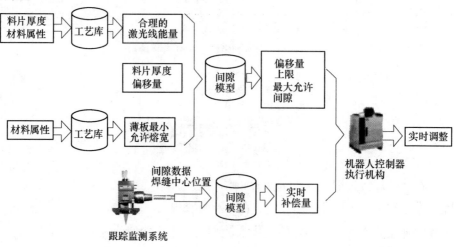

图 5-10　动态工艺补偿过程

5.7　小　　结

　　本章主要研究了焊接质量、间隙、工艺参数、板材厚度等因素之间的相互关系，并在理论分析的基础上建立了它们的数学关系模型。证明了在一定范围内，工艺参数对间隙有明显的补偿作用。本章分析了固定工艺参数焊接模式存在的问题，提出了动态工艺补偿方法。

参 考 文 献

[1] 陈东，赵明扬，朱天旭，等. 间隙对不等厚板激光拼焊焊缝质量的影响及其补偿方法研究 [J]. 中国机械工程，2011（22）：1489~1493.

[2] Chen D, Zhao M Y, Zhu T X, et al. 激光拼焊板典型缺陷的试验研究 [J]. ICFIEA, 2010（7）：343~346.

[3] 陈东，景宽，宋华，等. 不等厚激光拼焊板咬边缺陷研究 [J]. 机械设计与制造，2015（5）：236~238.

[4] Chen D, Zhao M Y, Zhu T X. Experimental research on sunken weld of tailor welded blanks [J]. 装备制造与技术研究室，2010，6：37~40.

[5] Swifthook D T, Gick E E F. Penetration with lasers [J]. Welding Journal, 1973：492~498.

[6] 段爱琴，陈俐，胡伦骥. CO_2 激光焊接熔池特征与输入线能量的关系研究 [C]//2007年中国机械工程学会年会论文集，2007：436~440.

[7] 王虎，戴修嘉. 线能量对电子束焊缝成形影响的研究 [J]. 焊接学报，1980，1（3）：101~113.

[8] 杨莉. 焊接线能量对 WEL-TEN80A 钢焊接接头力学性能的影响 [J]. Hot Working Technology, 2005（3）：46~47.

[9] 袁鸿，谷卫华，余槐，等. 电子束焊接线能量对 Ti-24Al-15Nb-1Mo 合金接头组织性能的影响 [J]. 航空材料学报，2006，26（5）：35~40.

6　填丝焊预成型技术

激光填丝焊接是指在焊缝中预先填入特定焊接材料后，用激光照射熔化或在激光照射的同时填入焊接材料以形成焊接接头的方法。

图 6-1 为含填丝机构的激光焊接单元。与非填丝焊接相比，激光填丝焊接具有以下优点：

（1）避免了对工件加工、装配要求过于严格的问题（提高对间隙的适应能力）；

（2）可实现用较小功率焊接较厚、较大的零件；

（3）更重要的是可以通过改变填丝材料的成分来改变或控制焊缝金属的成分、组织和性能。

图 6-1　激光焊接单元（含填丝机构）

激光填丝焊接的研究和应用，为解决无填丝激光焊接在应用中受到的限制提供了有效解决途径，也为解决激光拼焊中的间隙问题提供了一种解决方案，即通过添加材料的方法来解决间隙过大的问题，因此我们将其归纳为一种焊缝预成型方法。

激光拼焊要求严格的接头间隙，自焊的最大间隙量不大于薄板板厚（不等厚板激光焊接中的薄板）的 10%。在实际生产中，尤其是航空航天工业和汽车工业中，薄板的间接激光焊接是不可避免的。当薄板的厚度为 1.2mm 或更薄时，对接焊接的间隙要求难以满足。如果单纯地靠提高接边几何精度和对接精度来减小间隙，则对于短焊缝尚可，当焊缝长度增加到 1m 以上或者对曲线焊缝进行焊接时，则间隙的要求难以实现。在这种情况下，填丝焊技术成为一种有效选择。

采用激光填丝焊接技术（laser welding technique with filler wire）不仅可以保持激光焊固有的优点，还可以改善激光焊接的表面成型，提高接头的力学性能，防止裂纹产生，以较小的功率实现厚板的焊接等，从而大大扩展激光焊接的可能性与应用范围。

6.1 激光填丝焊（laser filler wire welding）原理

激光填丝焊的设备一般由焊接走行机构（机器人或三维直线走行机构）、激光器、送气装置及送丝机构组成。激光器、送气装置以及送丝装置定位于焊接机器人上，焊接机器人负责完成沿坡口轨迹的走行运动，激光作用在坡口内使母材金属熔化，熔池上方产生的高温金属等离子体促进焊丝和母材侧壁的熔化。侧吹适量的惰性气体可以在抑制过量等离子体的同时保证熔池在惰性气氛中冷却，从而对焊缝金属起到保护作用。激光焊丝填充焊接的原理见图 6-2。

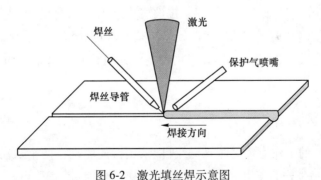

图 6-2 激光填丝焊示意图

激光器一般选用高功率光纤激光器。激光不仅需要熔化焊丝，还需要熔化母材并在母材上形成激光深熔焊特有的小孔效应，形成较深的熔池，焊丝成分与母材金属成分充分混合形成一种新的混合熔池，该混合熔池的元素成分及其比例、质量相对于焊丝与母材有较大的差别，所以可以针对母材本身的性能缺陷，选择合适的焊丝添加到焊接过程中，从而在微观层面上对焊缝的抗裂性、抗疲劳性、耐蚀性、耐磨性等方面进行有目的性的改善。

6.2 送丝机构

送丝机构是填丝焊技术的关键部件，对于稳定焊接质量和提高焊接效率有着重要作用。随着焊接产品结构的复杂化和自动化程度的提升，对激光填丝焊的精度及柔性提出了更高的要求，而送丝机作为配合激光填丝焊工艺的辅助设备，必须具有高的送丝精度和稳定性。

图 6-3 为送丝机构的工作原理图。

图 6-3　送丝机构工作原理

6.2.1　拉丝机构

拉丝机构的工作原理见图 6-4，拉丝机构一般采用两轮驱动：主驱动轮+从动压轮+进/出丝矫正方式。主驱动采用减速机+伺服电机作为动力输出，优点是输出扭力大、送丝稳定性好、精度高。该机构对整套系统的出丝精度起到主要作用。

6.2.2　推丝机构

推丝机构的工作原理见图 6-5，机构采用四轮驱动：两个从动送丝轮+两个从动压轮+进/出丝矫正方式。主动驱动采用减速机+伺服电机作为动力输出，优点是输出扭力大、送丝稳定性好、精度高。该机构作为辅助机构，将焊丝从丝盘拉出传送至拉丝机构，减小拉丝机构对焊丝的拉力，保证整个系统送丝稳定。

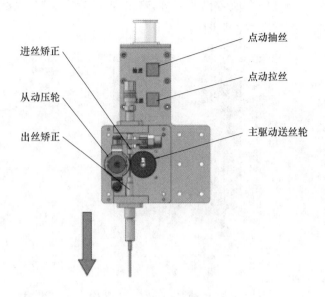

图 6-4 拉丝机构工作原理图

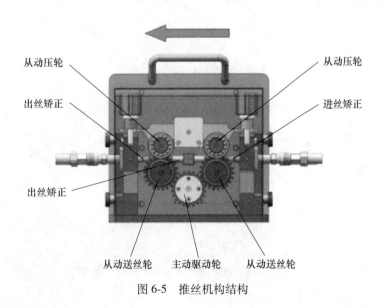

图 6-5 推丝机构结构

6.2.3 控制部分

作为整套送丝系统的控制部分，可对送丝速度、送丝长度、送丝模式等参数进行设定。与工作台或者机器人进行对接时，通过给送丝系统信号即可完成焊接控制。触屏控制柜见图6-6。

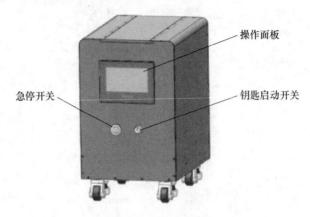

图 6-6　触屏控制柜

　　侧方送丝机构作为送丝机系统的送丝辅助机构，负责将焊丝准确送入激光焊接区域，该机构通常有两种形式：固定式和活动式。

（1）固定式（见图6-7）。

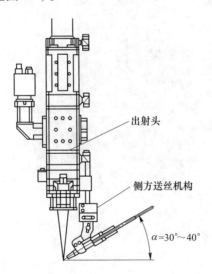

图 6-7　固定式侧方送丝

　　（2）活动式（见图6-8）：该机构的送丝部分可以进行位置和角度的调整，可避让不需填丝焊时，机构对夹具的干涉。

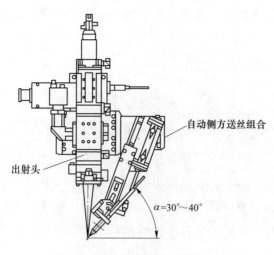

图 6-8 活动式侧方送丝

6.3 焊接工艺参数对焊接质量的影响

激光拼焊（含填丝焊）时，增加了几个和填丝相关的工艺参数，工艺参数对激光焊接的质量会产生较大的影响。

6.3.1 激光功率

激光焊接过程中，焊缝熔深随激光功率的增加而增加，当激光功率增加到一定阈值时，焊缝熔深增加的斜率变缓。对于铝合金焊接而言，激光功率低于特定的阈值时，焊缝热裂纹倾向明显。激光焊接过程中的高能量密度会导致高温焊接区的易挥发合金元素（如 Mg）的蒸发，从而大大降低焊缝的强度。激光填丝焊由于焊丝的加入，填补了合金元素损失，提高了焊缝的组织性能。

6.3.2 送丝速度

高速摄像技术对激光填丝焊的研究表明，当焊丝端部位于激光束的正下方时，焊缝成型良好。合理的选择送丝速度可以充分利用激光能量，提高生产效率。送丝速度的大小直接影响焊缝的形成，当送丝速度过快时，焊缝无法成型。送丝速度直接影响焊缝坡口内填充金属的堆积形态：随着送丝速度的增加，熔深增加而熔宽呈现减小的趋势。造成这一现象的原因是单位时间内熔化的焊丝量增加，然而在焊丝增加的同时，母材能吸收的激光能量降低，从而导致熔宽的降低。

6.3.3　焊接速度

激光填丝焊接过程中，焊接速度影响焊接区域的焊接热输入。在激光功率及其他参数不变的情况下，随焊接速度的增大，熔宽呈线性减小。激光焊接速度越快，热输入越小，形成的焊缝接头组织细小致密，没有明显的软化区，保证了接头具有良好的力学性能。然而，焊接速度过快，焊接热输入减小到一定值时，没有足够的能量使得焊丝和母材侧壁熔化，导致未熔合缺陷的形成。

6.3.4　气体流量

保护气体在激光填丝焊接过程中有两个作用：

（1）保护焊缝金属不受有害气体的影响，防止液态金属在高温下氧化，保证焊缝的质量。

（2）抑制焊接过程中形成的高温金属等离子体，保证了焊接过程中的稳定性。

保护气体的流量要与焊接热输入相匹配，流量过大或过小都会对焊接过程及焊缝质量造成影响。气体流量较小时，焊缝出现氧化或者焊接过程不稳定，随着气流量的增加，背面成型困难，这是由于保护气体冲击熔池，导致熔池下陷，气体流量过大时，焊缝无法成型。

6.3.5　光丝间距

光丝间距是指焊丝末端距激光束焦点前的位置偏差，光丝间距是影响焊接过程稳定性的重要参数。相同条件下提高光丝间距时，熔滴形成位置由贴近焊缝侧壁逐渐离开焊缝侧壁，熔滴靠近侧壁时顺侧壁过渡到焊缝，熔滴离开焊缝侧壁时阻碍母材对激光能量的吸收，导致焊缝背部成型困难。激光填丝焊过程中光丝间距必须严格控制在一定范围内，该范围随焊接速率的减小而变大。

6.3.6　离焦量

离焦量是指激光焦点与被焊材料表面间的距离。一般用字母 f 代表离焦量，$f<0$ 时为负离焦，反之为正离焦。该距离决定焊接表面的激光功率密度，其变化对焊缝的表面成型、熔深、熔宽和焊缝质量都有很大影响。离焦量的取值与焊接板厚有关，焊缝上表面熔宽受离焦量的影响较大。

李建忠等通过模拟和试验验证的方法研究了离焦量对 7050 铝合金 Al/Ti 熔覆过程的影响，结果表明熔宽与熔深随着离焦量的增大先增加后减小，离焦量为 20mm 时熔宽与熔深出现峰值。单闯等对离焦量的研究表明：随着激光离焦量的增加，焊缝抗拉强度呈现先增大后减小的特点。倪加明等利用激光填丝焊解决了铸镁缺陷补焊问题，补焊过程中发现，离焦量为 20mm，熔宽和熔深达到要求，焊缝稀释率降至 0.65，焊缝成型良好。

6.3.7　焊缝间隙

激光束光斑直径仅有几百微米，激光自熔焊对接接头一般焊缝间隙不超过板厚的 1/10。激光填丝焊接过程中，填充金属的加入阻止激光能量从焊缝间隙穿过，从而降低装配精度的要求。刘春等设计了焊缝间隙从 0.1mm 连续变化到 5.0mm 的平板对接焊试验，并在 2mm 厚的低碳钢板上取得了成型良好的焊缝。李俐群等实现了 16mm 厚高强钢的激光填丝单道多层焊接，设计坡口间隙仅为 2mm。杨文广等研究了激光填丝焊接过程中焊缝间隙发生变化时焊缝的成型的质量。结果表明：间隙较小时调节送丝速度、间隙宽度较大时调节焊接速度对焊缝成型有利。

参 考 文 献

[1] 杜汉斌，胡伦冀，胡席远. 激光填丝焊技术 [J]. 新工艺·新技术·新设备，2002 (11)：60~63.

[2] 阚晓阳. 激光填丝焊技术研究 [J]. 现代焊接，2016 (12)：20~22.

[3] 许飞，陈俐，巩水利，等. 5A06 铝合金激光填丝焊接头组织性能分析 [J]. 应用激光，2009 (29)：83~86.

[4] 唐卓，赵良磊，蔡艳，等. 国产厚板大功率激光填丝焊 ymd 焊缝的焊接工艺性 [J]. 焊接学报，2008（29）：82~88.

[5] 余春阳，王春明，余圣甫 . 5A06 铝合金的激光填丝焊接头组织与性能 [J]. 激光技术，2010（34）：34~52.

[6] 张永强. 激光填丝焊焊丝指向与焊缝成形关系的研究 [J]. 焊接生产应用，2010（2）：40~43.

[7] 左铁钏，肖荣诗，陈铠，等. 高强铝合金的激光加工 [M]. 北京：国防工业出版社，2002.

[8] 许飞，杨琼，巩水利，等. 焊接参数对铝合金激光填丝焊缝成形的影响 [J]. 材料工程，2010（9）：45~48.

[9] 李建忠，黎向锋，左敦稳，等. 模拟研究离焦量对 7050 铝合金 Al/Ti 熔覆过程的影响 [J]. 红外与激光工程，2015（44）：1126~1133.

[10] 单闯，宋刚，刘黎明，等. 激光—TIG 复合热源焊接参数对镁/钢异种材料焊接接头的影响 [J]. 焊接学报，2008（29）：57~60.

[11] 刘春，杨文广，陈武柱，等. 填丝激光焊对接间隙宽度检测传感器与送丝系统的研究 [J]. 应用激光，2002（22）：199~202.

[12] 杨文广，刘春，陈武柱. 激光填丝焊接焊缝成形质量控制系统研究 [J]. 激光技术，2003，27（3）.

7 典型激光拼焊生产线组成

7.1 引　言

激光拼焊生产线是一套比较复杂的系统，本书以 SIA 自主研发的国内首条全自动激光拼焊生产线为例，介绍激光拼焊生产线的组成及其技术特点。

如图 7-1 所示，生产线上采用了厚板定位薄板的定位方法，夹紧系统采用了磁气复合夹紧方式，在焊接单元前方预置了碾压机构的安装位置。焊缝预成型技术在生产线上的应用为稳定激光拼焊板焊接质量提供了可靠的保证。

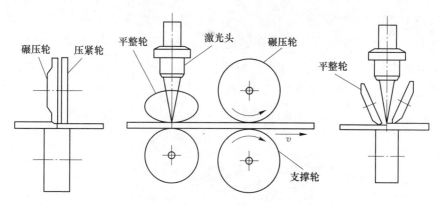

图 7-1　激光拼焊生产线的核心单元

7.2　定位方式研究

7.2.1　挤压成型方法的问题分析

生产线采用的定位方式是两侧料片分别定位、夹紧，然后利用对中机构对中完成钢板的对接，这种方式导致前后正向定位销的平行度误差会表现为焊缝间隙，严重时会引起 V 形开口，为消除该误差，该生产线中采用了挤压成型方法，使定位销间的平行度误差得到了较好的补偿。

挤压成型方法的实现条件为：（1）厚钢板在挤压成型环节不能发生滑动；（2）薄钢板在挤压成型环节要按照预定方式滑动，使薄板与厚板接边实现无缝对接。该条件对对中夹紧机构提出了较高的要求：（1）厚钢板侧压紧力要大于薄钢板侧压紧力；（2）薄钢板侧压紧力的大小既要满足对板材变形的校正要求，同时要保证在挤压成型过程中允许薄钢板出现退让滑动和旋转滑动，并保证滑动距离和角度。但由于压紧力不均匀、表面油污等因素的影响，挤压成型方法在实际应用中存在如下问题：（1）在对中过程中，由于对中力的存在无法保证厚钢板绝对保持原有位置；（2）薄钢板由于表面涂油状态等的变化，在既定压紧力下，也不能保证一定按照预想方式退让和旋转。因此，挤压成型过程实际上是一个不完全可控的动态过程。

7.2.2　厚板定位薄板的定位方法

基于挤压成型方法存在的问题，本书依据基准统一的原则，提出了新的料片定位方法——厚板定位薄板的定位方法，即定位时厚板通过定位销定位，然后以定位后的厚板接边为基准定位薄板。该方法实现了基准统一，避免了定位销位置误差的影响，具体定位过程如下：

（1）定位销升起，以正向定位销为基准定位厚板，然后压紧厚板（见图7-2）。

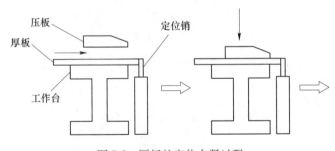

图 7-2　厚板的定位夹紧过程

（2）定位销下降，以厚板接边为基准定位薄板，然后压紧薄板（见图7-3）。

采用厚板定位薄板的定位方法定位厚板时，由于采用了含三维缓冲的主动定位吸盘组，可有效将钢板定位到正向定位基准销。在定位薄板时，由于

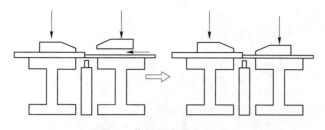

图 7-3　薄板的定位夹紧过程

直接定位到厚板焊接边，而定位驱动依然采用三维缓冲的主动定位吸盘组，所以，可有效使厚、薄钢板焊接边充分贴合在一起，而且由于在定位薄钢板时，主动定位吸盘组的缓冲力要远小于厚钢板的压紧摩擦力，因此不会影响厚钢板定位好的位置。

　　综上所述，采用厚板定薄板定位方法，有效避免了原有定位方法中的潜在误差风险。定位夹紧机构的结构见图 7-4。

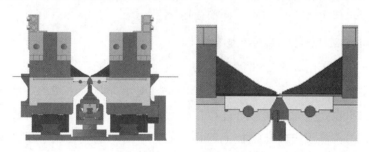

图 7-4　定位夹紧机构

7.3　夹紧系统研究

7.3.1　施力方式的改进

　　如图 7-5 所示，SIA 的激光拼焊生产线的压紧系统采用了翻转式运动方式，双气缸杠杆增力两侧驱动，并利用松联接弹簧作为压板受力的中间传力机构。

　　本书对 SIA 的激光拼焊生产线的压紧系统进行了分析和研究，发现其存在如下问题：

　　（1）翻转式施力方式仅能保证在一个确定位置压板的施力方向垂直于钢

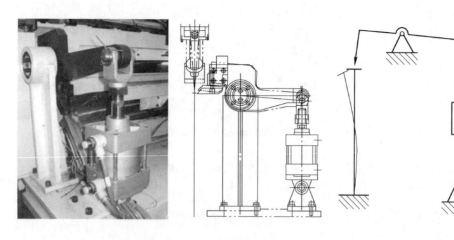

图 7-5　SIA 的激光拼焊生产线的压紧系统

板，而当钢板厚度变化时会产生一个横向分力，该分力会与临界静摩擦力复合，在钢板挤压成型过程中，增加或降低临界运动最小对中力，增加了确定压紧力与对中力数值的难度与不确定性。

（2）"松联接弹簧中间传力机构"设计的目的是在钢板厚度变化时实现压板与钢板充分接触，但是在实际应用中，由于弹簧有一定的压缩量，在压紧过程中压板先与钢板接触，并产生一定的静摩擦力，而松联接无法提供足够的横向力来修正压板在钢板上的相对位置，由此造成在压紧后弹簧力并不垂直于钢板。

（3）两端气缸采用杠杆式增力驱动模式，中部均布弹簧传力机构，在压紧过程中由于压紧横梁的变形和弹簧的力学特性，势必导致压紧力不均匀，这种不均匀性在多组焊接时表现尤为明显，压紧力的差异性导致了焊接质量的差异，增加了压紧力数值选择和调整的难度。

（4）压紧机构在压紧过程中，对钢板并间接对压紧底板产生横向分力，该分力会导致压紧底板的支撑结构产生前倾弯曲变形。这种变形将一直延续到钢板焊接过程完成，在三组焊接时尤其明显，其表现为三组钢板焊接边偏离了定位销限定的准直度，中间钢板前突，而两侧钢板偏转了一定的角度，这给多组焊接时对中过盈量的选择和调整增加了难度。

基于以上问题，本书提出了以下解决方法：

（1）对梁的结构进行了优化，提高了压紧梁的刚度，从而减小其变形。

（2）采用分布式多气缸单独驱动垂直压紧方式，减小梁变形对压紧力的影响，并在压紧板后部做后退导向限位，有效避免压紧力的横向分力和后退游隙。机构的具体结构见图7-6。

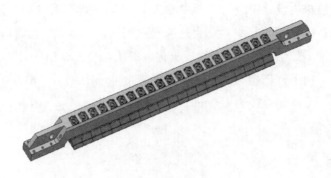

图 7-6　改进后的压紧系统

7.3.2　磁气复合夹紧方式

电磁力夹紧具有吸力大、吸力均匀、表面无压痕、结构简单等优点，但电磁吸盘对薄板的吸附能力较弱，导致单独采用电磁力夹紧存在一定风险，因此本书设计了电磁和机械的复合夹紧系统，直接由电磁吸盘面板代替焊接工作台，其上均布多气缸分别驱动的机械压紧机构，磁力吸附机构使钢板在机械压紧前充分展平，降低了气缸压紧力设计值，降低了对横梁的刚度要求，从而减小了变形量，提高了定位精度。磁气复合夹紧系统的结构形式见图7-7。

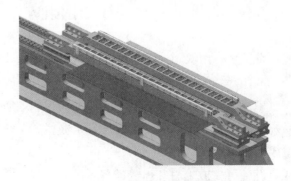

图 7-7　磁气复合夹紧系统

7.4　新型碾压机构设计

本次碾压机构设计中进行了两点改进：（1）增加了对穿梭工作台连接件的避让功能；（2）考虑了材料的自适应塑性流动，控制上采用力控制方式。

本书设计了如图7-8所示的碾压机构，碾压轮和支撑轮分别采用液压缸驱动，支撑轮采用了杠杆增力方式。碾压轮宽度4mm，直径290mm，压紧轮尺寸同碾压轮，支撑轮直径为150mm，宽度为10mm。

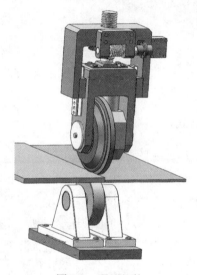

图7-8　碾压机构

7.5　典型激光拼焊线结构组成

激光拼焊成套设备是将两块不同厚度的车用钢板采用激光技术进行自动焊接的生产装备（或生产线）。该成套设备主要由上、下料旋转工作台，上、下料单元，定位对中夹紧系统，激光焊接单元，侧向出料装置，焊缝跟踪系统，质量检测系统，激光器，排烟除尘装置，安全栅栏，不合格品处理单元和控制系统等组成（见图7-9）。

激光拼焊成套设备可完成上料、焊缝准备、激光拼焊、质量检测、侧向出料和下料码垛等一系列自动化生产过程。料片的自动拼焊流程如下：人工

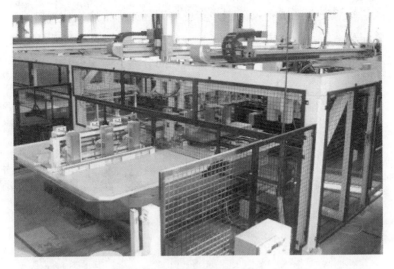

图 7-9 激光拼焊生产线

将料片放至上料旋转工作台，旋转工作台旋转，料片进入工作区，两台末端带有端拾器的上料机器人将不同厚度的两块料片搬运至对中夹紧工作台上，采用吸盘式主动定位方式将料片定位，夹紧钢板，对中机构将两块钢板对中，形成焊缝，完成钢板焊前准备工作，激光焊接头沿焊缝运动对两块料片进行对接焊接，焊接过程中焊缝跟踪系统实时调整激光焊接头 x 向位置，保证焊缝质量的一致性，同时在线质量检测系统检测焊缝质量，做出合格品判断，对焊后钢板进行分类处理。焊接完成后，侧向出料装置将焊后钢板全部拉出，进入下料工位，由下料机器人搬运焊后钢板到下料旋转工作台并码垛。在线质量检测系统判断为不合格品的焊接成板将由下料单元投放到不合格品处理单元中进行分离处理，搬运至焊接工作区外，由人工再次检测做出进一步处理。

全部生产流程分为四个工序，工序间相互并行，由关键同步点同步协调，充分保证生产的连续性和生产效率。

7.5.1 上、下料旋转工作台

7.5.1.1 机构构成

上、下料旋转工作台由上料旋转工作台与下料旋转工作台组成，是将设备运行区与外部安全区域有效分割并实现将钢板或焊接成板位置转换的设备。

上料旋转工作台为电机驱动旋转平台（见图 7-10），并在平台上双位置布置两套强度可变换磁力分层设备，实现钢板间分离，防止连片。

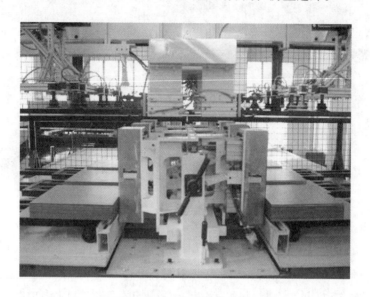

图 7-10　上料旋转工作台

每套磁力分层设备（见图 7-11）由固定支架、y 向运动支架、x 向运动支架和磁力分层装置组成。磁力分层装置为日本山信公司生产气动式强弱状态转换磁力分层装置，共 6 组，前后各 3 组，通过强弱状态转换实现堆垛钢板分离。为方便钢板堆垛吊装上料方便与适应钢板规格差异，磁力分层装置可实现二维手动位置调整。磁力分层装置通过 y 向运动支架实现独立手动 y 向位置调整，通过 x 向运动支架实现整体前后位置变换，以完成钢板堆垛吊装上料时的避让动作，x 向运动支架具有独立缓冲装置，以适应钢板堆垛位置误差，满足磁力分层装置与钢板的绝对接触，保证磁力分层效果。磁力分层设备还具有磁力分层装置的前位置保持装置，在磁力分层装置与钢板接触后，通过手动自锁紧装置，实现磁力分层装置二维位置的锁定，保证在焊接生产过程中，磁力分层装置位置的固定，保证磁力分层效果。磁力分层设备的 x 向位置调整见图 7-12。

上料旋转工作台配备 12 部台面小车，用于钢板搬运和钢板堆垛台上位置调整。

图 7-11　磁力分层设备的 y 向位置调整示意图

图 7-12　磁力分层设备的 x 向位置调整示意图

　　下料旋转工作台为电机驱动旋转平台（见图 7-13），与上料旋转工作台相似，但不具备磁力分层设备和台面小车，只配备木制托盘。

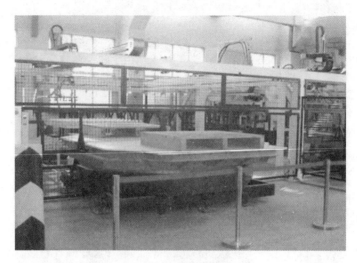

图 7-13   下料旋转工作台

7.5.1.2   功能特点

上、下料旋转工作台是将设备运行区与外部安全区域有效分割并实现将钢板或焊接成板位置转换的设备。

上、下料旋转工作台具有如下功能特点：

（1）设备运行区与安全区分割，可实现上料与焊接工作并行作业；

（2）钢板的磁力分层功能，有效防止钢板连片；

（3）磁力分层装置位置二维可调整，方便钢板堆垛吊装上料并充分适应钢板规格对磁力分层装置位置的变换要求；

（4）可靠的磁力分层装置位置自锁紧装置，保证工作中磁力分层装置位置的固定；

（5）台面小车提高上下料的搬运便捷性和料片位置调整便宜性。

7.5.2   上、下料单元

7.5.2.1   机构构成

上、下料单元由上料单元与下料单元两部分组成。

上料单元见图 7-14，由两部上料用二维直角坐标机器人及相应的上料端拾器构成，上料机器人具有 y、z 轴两个自由度，是钢板搬运的执行机构；上料端拾器为钢板的吸附机构，并可完成钢板的 x 向位置变换，以避让障碍搬运钢板到达定位位置。上料端拾器由 x 向换位机构、端拾器支架、吸盘组件、测距传感器组件、过冲停止传感器组件以及真空发生器组件组成。x 向换位机构由气缸驱动，双导轨导向，将端拾器支架与上料机器人 z 轴末端相联并使之具有 x 向运动自由度；端拾器支架为铝型材框架，作为吸盘组件等功能部件的支撑框架，具有较轻的质量和较好的刚度；吸盘组件是上料单元钢板搬运的核心部件，由风琴型汽车板搬运专用吸盘和联接件组成，每部上料端拾器具有 12 只吸盘组件，在端拾器支架上位置可调整；测距传感器组件由光电式测距传感器及联接件组成，主要作用为测量端拾器与钢板堆垛距离，实现上料单元的取料减速动作；过冲停止传感器组件由两组电磁传感器、动作触点及联接件组成，当端拾器下降到与钢板堆垛接触时，过冲传感器动作，继续下降后停止传感器动作，下降停止。

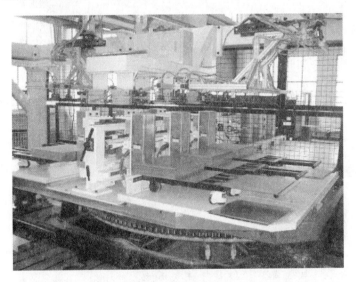

图 7-14 上料单元

下料单元结构见图 7-15，与上料单元构成相似，但是下料端拾器由于功能简单，不具备 x 向换位机构和测距传感器组件。

7.5.2.2 功能与特点

上、下料单元主要实现由上料旋转工作台到定位对中工作台的钢板搬运和由侧向出料工作台到下料旋转工作台的焊接成板搬运功能，具有如下功能

图 7-15　下料单元

特点：

（1）钢板上料搬运与焊接成板下料搬运，搬运位置精度在±2mm 以内；

（2）上料单元取料时，对钢板堆垛具有自适应能力；

（3）钢板吸附状态的断电延时保持能力；

（4）可同时搬运最多三组钢板；

（5）工作吸盘可任意选取，并按要求分组功能；

（6）多组焊接时下料码垛功能。

7.5.3　定位对中工作台

7.5.3.1　机构构成

定位对中工作台主要由工作台底座、定位系统、压紧系统、对中滑台、排渣排烟系统等组成（见图 7-16 和图 7-17）。

工作台底座为其他各功能单位的载体和支撑件，由钢结构型材焊接而成的工作台底座和工作台台面组成，工作台台面为镀铬滑杆或毛刷板，用于焊接钢板的支撑和相对滑动。

定位系统由主动定位机构、正向定位基准销、侧向定位基准销、辅助侧向定位基准销组成，实现钢板的焊接前定位功能。**主动定位机构**具有三维直线运动自由度和三维运动缓冲，可实现钢板的 x、y 向的两维主动定位运动。x 向运动由双气缸驱动，双导轨导向，用于实现钢板的正向定位运动；z 向运

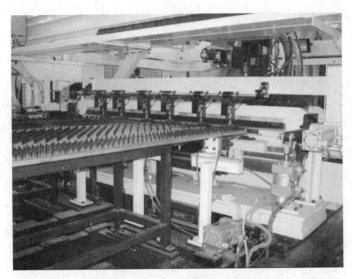

图7-16　定位对中工作台（后侧）

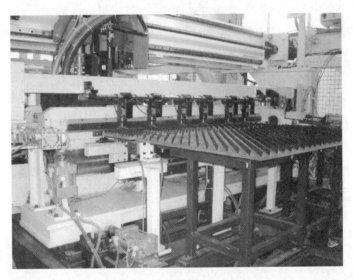

图7-17　定位对中工作台（前侧）

动由双气缸驱动，双导轨导向，用于主动定位机构的定位吸盘组件的整体升降运动；y向由横向推拉汽缸驱动，单导轨导向，用于主动定位机构的定位吸盘组件的整体侧向定位运动。吸盘组件钢板吸附核心部件每侧有6组，每组吸盘组件具有正向气缓冲机构、侧向弹簧缓冲机构和z向缓冲弹簧以及碟型内防滑花纹真空吸盘,可以实现多组钢板的相对独立定位,适应多组钢板上料放置位置误差。**正向定位基准销**为整体可翻转定位横梁以及安装在定位横梁上的分体定位块组成,定位横梁由双气缸驱动,实现正向定位基准销的定位时升起和焊接时翻转落下避让功能,定位块为方形块,面接触定位,定位块经表面淬火,耐磨性优良,所有定位块整体磨制加工,线切割分割而成,具有良好尺寸一致性。**侧向定位基准销**由可升降基准销基座和定位基准销组成,基座由双气缸驱动,双导轨导向,可实现侧向定位基准销定位时升起、定位完成后下降避让的功能,基座的基准销安装面为铝型材梯形槽结构,可以根据需要任意调整侧定位基准销的位置。侧定位基准销为分体结构,下部定位销座用于定位销的安装和位置调整,上部定位销为圆柱销,具有良好的耐磨性和钢板侧边线形状的适应性。侧定位基准销的分体结构保证在多组焊转换时的快速调整。**辅助侧向定位基准销**由下部基座、翻转气缸和圆柱定位销组成,共6组,单独安装使用,用于纵向长钢板的侧向辅助定位。

压紧系统由翻转压紧横梁和16组独立压紧块组成,翻转压紧横梁由双气缸驱动,实现压紧系统的压紧状态和释放状态的转换以及压紧力源。压紧块与横梁由双弹簧缓冲和力过渡,每组压紧块具有独立压紧力调整功能,压紧块接触面为横向凹槽,充分增加压紧块前部压紧力。

对中滑台为钢结构型材焊接加工成,底面通过双导轨与工作台底座相联系,可进行 x 向一维运动,双气缸驱动,正向定位基准销、侧向定位基准销与压紧系统均安装在对中滑台之上,用于实现压紧钢板对中成待焊接焊缝。

排渣排烟系统是排除焊接过程中产生的焊渣和黑烟的重要单元,排渣排烟系统由排渣槽与吸风管路组成,排渣槽位于对中滑台中间位置,上部为U形铜槽,铜槽底面开长孔,与5路集渣器连接,集渣器采用扇面结构尽量保证吸风均匀,通过5路具有独立调整风量和过滤器的吸风支路与总风路相联接,排渣排烟系统由 7.5kW 引风机提供风源。

7.5.3.2　功能特点

定位对中工作台通过完成钢板的定位、压紧、对中动作,实现钢板焊接前准备,并维持该状态到焊接结束,是激光拼焊成套装备的核心部分,具有如下功能特点:

(1) 多组(最多三组)钢板同时定位,钢板间初始位置误差自适应;

（2）钢板形状适应能力，适合异型料片焊接定位；

（3）良好的焊缝背部清洁功能。

7.5.4　激光焊接单元

7.5.4.1　机构构成

激光焊接单元由 y 向运动单元、x 向运动单元、z 向运动单元、焊缝跟踪执行机构、激光头单元组成。具有 x、y、z 三个直线运动自由度和 x 向实时跟踪调整自由度，完成激光焊接作业以及相关调整功能。

y 向运动单元由横跨定位对中工作台的立柱横梁结构支撑，横梁侧面安装 y 向双导轨，y 向运动单元由伺服电机驱动丝杠传动系统实现。

x 向运动单元由直线运动单元并联单导轨导向传动，增加了运行的平稳性，运动单元由伺服电机驱动。

z 向运动单元由直线运动单元导向传动，伺服电机驱动。

焊缝跟踪执行机构为 servo robot 焊缝跟踪系统的执行机构部分，安装在 z 向运动单元末端，用于激光头单元对焊缝实时跟踪调整，保证焊接质量的一致性。

激光头单元的结构见图 7-18，主要包括激光焊接头、焊缝跟踪摄像头、

图 7-18　激光焊接单元

焊缝质量检测摄像头、上部排烟系统和激光屏蔽罩组成，以上各部件集成设计安装在焊缝跟踪执行机构末端，是激光焊接核心部件。

7.5.4.2　功能特点

激光焊接单元为激光焊接加工的核心部分，实现激光焊接头沿定位对中系统准备好的焊缝焊接行进，同时完成焊接头对于焊缝的位置实时调整和焊后质量检测工作，上部吸风系统实现焊接过程中形成的烟尘处理，避免烟尘对于焊接和跟踪检测的影响。

激光焊接单元具有如下功能特点：

（1）焊缝实时跟踪功能，保证焊缝质量一致性；

（2）焊缝质量检测功能，对焊后钢板进行自动质量检测和分类处理；

（3）焊接头激光局部屏蔽，保证焊接过程操作人员安全；

（4）焊接区烟尘处理功能，保证激光焊接头、跟踪检测摄像头的清洁度；

（5）激光头出光功率检测功能，适时检测出光功率，使激光头具有良好的可维护性。

7.5.5　侧向出料装置

7.5.5.1　机构构成

侧向出料装置由一维直线机器人、末端卡具和侧向出料工作台组成，具体结构见图7-19。

一维直线机器人为侧向出料装置提供 x 向一维运动自由度，全长7300mm，伺服电机驱动。

末端卡具安装在一维直线机器人运动部末端，分为三组卡头，每组卡头由两部气缸驱动夹持部，可实现三组钢板的同时侧向出料。

侧向出料工作台为钢板在侧向出料时支撑工作面，由钢结构型材焊接，台面铺设毛刷板，有效防止钢板滑伤。

7.5.5.2　功能特点

侧向出料装置是焊后钢板由焊接工作区到下料工作区的位置转换装置，实现了焊接工序与上、下料工序合理分割，有效提高连续生产的生产节拍和

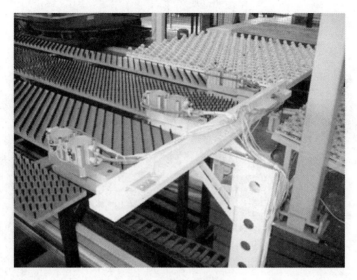

图 7-19　侧向出料装置

工作效率。

侧向出料装置具有如下功能特点：

（1）三组钢板同时出料能力，为三组焊提供辅助支持；

（2）毛刷板台面，有效防止钢板划伤；

（3）卡具双夹持部，有效避免钢板在出料中偏转，保证下料整齐。

7.5.6　安全栅栏

7.5.6.1　机构构成

安全栅栏见图 7-20，由支撑框架、钢丝网围栏以及安装其上的安全保护装置组成。

支撑框架由 200mm 方钢管组成装配而成，为钢丝网围栏，门以及上、下料机器人提供安装支持。

钢丝网围栏采用型材框架，中间嵌焊钢丝网，具有质量轻、安装简便特点。通体黑色喷塑，保证围栏视觉上的通透性。

安全保护装置包括紧急停止按钮、安全销以及进出料旋转工作台区域安全光栅，为设备运行提供安全保证。

图 7-20　安全栅栏

7.5.6.2　功能特点

安全栅栏是激光拼焊生产线与外部安全空间的可靠安全防护屏障，有效防止工作人员由于失误进入工作区发生事故，同时通透性使操作人员在任意位置能有效监视设备运行情况，对于紧急情况及时做出适当处理。

安全栅栏具有如下功能特点：

（1）安全屏障功能：有效分割工作区与安全区域；

（2）通透性：随时监控设备运行状态。

7.5.7　不合格品处理单元

7.5.7.1　机构构成

不合格品处理单元由俯仰式活动轮滑支架、固定轮滑支架以及承料托盘组成（见图 7-21）。

俯仰式活动轮滑支架由钢支架支撑，上表面密集安装尼龙滑轮，由两组附带意外停气保护的气缸驱动，可完成 10° 俯仰动作。不合格料片放置于上表面时，钢板不会发生意外滑落，当支架向下倾斜后，钢板会按照要求向下滑落。

图 7-21 不合格品处理单元

固定轮滑支架由钢支架支撑，上表面密集安装尼龙滑轮。固定轮滑支架是俯仰式活动轮滑支架的滑道的延续部分，实现钢板由活动轮滑支架之后的继续下滑动作。

承料托盘可根据生产现场需要配置配套托盘，用于承接不合格钢板。

7.5.7.2 功能特点

不合格品处理单元是激光拼焊生产线在线质量检测系统的功能延续，当系统完成焊后钢板的质量检测，做出是否合格的判断之后，对不合格品进行单独抽离，由不合格品处理单元进行传输搬运至指定承料托盘，方便技术人员对不合格品进行再次鉴别，做出进一步处理判断。

不合格品处理单元具有如下功能特点：

（1）不合格品的无损伤搬运，由于不合格品的投放高度与俯仰式活动轮滑支架高度相差很小，钢板不会发生变形，尼龙滑轮滑道不会划伤钢板表面；

（2）气路系统意外停气保护，保障了系统与人员安全。

7.5.8　激光器

激光器由激光器本体、热交换器、冷却器、激光焊接头以及控制 PC 组成（见图7-22），是激光焊接成套装备的激光光源部分。激光器选用德国通快公司 HL4006D 型号 Nd: YAG 固体激光器。

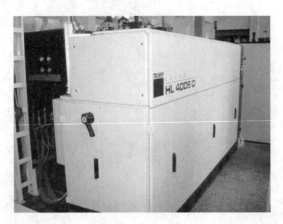

图 7-22   激光器

7.5.9   焊缝跟踪系统

7.5.9.1   机构构成

图 7-23 所示为加拿大 servo-robot 公司焊缝跟踪系统。由传感器、执行机

图 7-23   焊缝跟踪系统

构以及中央处理器组成。焊缝跟踪系统的 3D 视觉传感器安装于激光焊接头的前端，两者同时固定在 x 向直线跟踪单元上，可以实时监测钢板间隙的几何尺寸，包括焊缝间隙与焊缝位置，并依据计算结果控制跟踪装置实时调整焊接头的路径，实现对焊缝的自动跟踪，同时这一跟踪过程可以实时图像显示。

7.5.9.2 功能特点

安全栅栏具有如下功能特点：

（1）可以计算对接、角接、T 型接、搭接等不同形式焊缝接头的接头位置，同时可以监测接头的几何尺寸（包括焊缝间隙、错配等）；

（2）通过测量接头位置，计算焊接工具路径，据此来控制跟踪装置完成调节；

（3）可以调节控制视觉传感器，实现焊缝轮廓显示，3D 图像显示，并能实现测量参数显示。

7.5.10 质量检测系统

7.5.10.1 机构构成

质量检测系统为加拿大 servo-robot 公司的激光视觉质量检测系统（见图 7-24），由传感器和中央控制处理器组成。将视觉传感器安装在焊炬后方，实

图 7-24 质量检测系统

时监测钢板焊缝的焊缝几何尺寸，采用先进的图像处理算法，应用计算机焊缝质量检测软件系统，处理在焊接过程中视觉传感器提供的信号，激光视觉焊缝质量检测系统可以实现几何缺陷检测和焊缝表面质量检测两部分，该系统功能完善，具有实时性好、适应性强、检测精度高的优点。

7.5.10.2　功能特点

质量检测系统具有如下功能特点：

（1）可以实现等厚、不等厚激光拼焊板的质量检测；

（2）依据 ISO 13919—1 标准检测焊后焊缝尺寸特性与缺陷：主要包括焊缝宽度、凸凹度、错配、焊缝坡角、咬边、熔透不连续性、针孔等。

7.6　小　　结

本章介绍了 SIA 研发的典型激光拼焊生产线的组成和技术特点，设备中采用了厚板定位薄板的定位方法、磁气复合夹紧方式和碾压技术等焊缝预成型技术。